"十二五"国家重点图书出版规划项目
建筑物火灾人员安全疏散研究

火灾应激与（心理）危机干预

阎卫东　刘　影　付永生　著

西南交通大学出版社
成都

图书在版编目（CIP）数据

火灾应激与（心理）危机干预 / 阎卫东，刘影，付永生著. 一成都：西南交通大学出版社，2017.6
（建筑物火灾人员安全疏散研究）
"十二五"国家重点图书出版规划项目
ISBN 978-7-5643-4815-1

Ⅰ. ①火… Ⅱ. ①阎… ②刘… ③付… Ⅲ. ①火灾 – 心理应激 – 心理干预 Ⅳ. ①B845.67

中国版本图书馆 CIP 数据核字（2016）第 168888 号

"十二五"国家重点图书出版规划项目
建筑物火灾人员安全疏散研究

火灾应激与（心理）危机干预
阎卫东　刘　影　付永生　著

责 任 编 辑	张慧敏
特 邀 编 辑	顾　飞
封 面 设 计	严春艳
出 版 发 行	西南交通大学出版社 （四川省成都市二环路北一段 111 号 西南交通大学创新大厦 21 楼）
发 行 部 电 话	028-87600564　028-87600533
邮 政 编 码	610031
网　　　　址	http://www.xnjdcbs.com
印　　　　刷	四川森林印务有限责任公司
成 品 尺 寸	170 mm × 230 mm
印　　　　张	12.75
字　　　　数	186 千
版　　　　次	2017 年 6 月第 1 版
印　　　　次	2017 年 6 月第 1 次
书　　　　号	ISBN 978-7-5643-4815-1
定　　　　价	68.00 元

图书如有印装质量问题　本社负责退换
版权所有　盗版必究　举报电话：028-87600562

序

目前我国已成为世界上经济发展速度最快的国家之一，人民的生活得到了不同程度的改善，然而经济的高增速所伴生的触发火灾的因素也在增多。虽然我国的消防技术已取得长足的进步，但火灾整体形势依然严峻。在火灾诱因方面，用电及生活用火不慎是引发火灾的两大主因，同时石油化工火灾、建筑外保温材料火灾、高层建筑火灾以及大面积仓储场所火灾也呈现高发态势。据公安部消防局统计，仅2015年上半年全国发生火灾20.1万起，平均每日发生火灾1000多起。如此频发的火灾使人们的生命财产受到了极大的威胁，给国家造成了巨大的经济损失，更有人为之付出了惨痛的生命代价。

火灾的预防和施救是最为重要的，但是在抢救生命和财产之后，往往未能足够重视火灾幸存者及死难者家属的心理创伤，火灾所造成的心理危机如同火灾一样，也是一种灾难，心理救援的缺失也是一大隐患。火灾所造成的心理危机问题已经成了火灾后深度救援的一个难点。每位卷入火灾中的个体都会牵连着至少一个不幸的家庭，加上伤残人员的家庭，有更多的家属承受着心理的痛苦。同时，参与救援的各类工作人员，包括消防人员、医护人员以及心理施救人员本身也不可避免地会经受心理磨难和痛苦，他们同样需要心理干预。

近年来，虽然国家有关部门及社会各界提高了对灾后心理问题和心理危机干预重要性的认识，但目前对火灾后的心理危机干预尚未有针对性的心理干预策略和干预手段，这些都会对火灾后的救治效果产生不利影响。

编写本书的目的是在火灾发生后能帮助危机干预实施主体对有需要的人群进行针对性心理救援，把火灾创伤危害降到最低，以促进和维护他们的心理健康以及心理危机干预工作有效开展。本书以火灾受害者等为对象，分析了其在火灾后的心理反应，探讨了火灾不同程度卷入者的心理应激水平,并通过心理评估制定了针对火灾后心理反应的心理危机干预手段和应用模式;建立了综合程序化的心理干预策略,最终确定火灾后心理危机干预体系和模式。

本书有上、下篇,共分七章。其中第一章由阎卫东撰写,第二章至第三章由付永生撰写,第四章至第七章由刘影撰写。阎卫东负责全书的统稿工作。

本书适用于各类灾难后心理干预工作的指导,可用于火灾后心理干预队伍的培训,结合案例使阅读人能普及心理干预技术。此书还可以作为心理咨询师提升专业能力的参考书。由于时间较短,疏漏之处难免,请读者在学习和阅读过程中,提出宝贵意见和建议,以便修订完善。

作者

2015 年 12 月

目 录

上篇 理论篇

第一章 总论 …………………………………………… 3
一、火灾概述 …………………………………………… 3
  （一）我国火灾发生状况 …………………………… 3
  （二）火灾的分类及等级划分 ……………………… 6
  （三）研究背景 ……………………………………… 12
二、火灾后心理危机干预的研究对象与方法 ………… 15
  （一）调查对象 ……………………………………… 15
  （二）研究方法 ……………………………………… 15
三、火灾后心理危机干预的前期准备 ………………… 17
四、富有成效的危机干预工作者的特征 ……………… 17
五、火灾后心理危机干预的常见问题 ………………… 19
六、火灾后心理援助的意义 …………………………… 25

第二章 火灾后应激的相关障碍 ……………………………… 27
一、应激与危机干预的概述 ……………………………… 27
（一）应激与应激源 ……………………………… 27
（二）心理危机干预的概念 ……………………………… 28
二、应激障碍的概述 ……………………………… 30
（一）急性应激障碍 ……………………………… 30
（二）创伤后应激障碍 ……………………………… 32
（三）急性应激障碍与创伤后应激障碍的区别 ……………………………… 34

第三章 火灾心理危机干预 ……………………………… 36
一、火灾心理危机干预理论 ……………………………… 36
（一）基本危机理论 ……………………………… 36
（二）扩展的危机理论 ……………………………… 36
（三）危机干预模型理论 ……………………………… 38
二、心理危机干预的基本原则 ……………………………… 39
三、火灾心理危机干预模型 ……………………………… 40
四、火灾心理危机干预程序和技术规范 ……………………………… 42
（一）火灾心理危机干预程序 ……………………………… 42
（二）火灾心理危机干预技术规范 ……………………………… 45
五、应激与心理危机的评估方法 ……………………………… 47
（一）创伤后应激障碍症状清单17项版本（PCL-C） ……………………………… 47
（二）事件冲击量表（IES）及其修改版（IES-R） ……………………………… 48
（三）焦虑自评量表（SAS） ……………………………… 48
（四）抑郁自评量表（SDS） ……………………………… 48

（五）生活质量综合评定问卷（GQOLI） …………… 48
　　（六）社会功能缺陷筛选量表（SDSS） ……………… 49
　　（七）社会支持评定量表（SSRS） …………………… 49
　　（八）简易应对方式问卷（SCSQ） …………………… 49
　　（九）艾森克人格问卷（EPQ） ……………………… 49

六、火灾心理危机干预技术 ………………………………… 49
　　（一）心理急救（PFA） ……………………………… 50
　　（二）心理晤谈（PD）/严重事件应激晤谈（CISD） … 52
　　（三）稳定情绪技术（EST） ………………………… 54
　　（四）松弛技术（RT） ………………………………… 55
　　（五）认知行为治疗（CBT） ………………………… 55
　　（六）眼动脱敏与再加工疗法（EMDR） …………… 56
　　（七）支持性心理治疗（SP） ………………………… 57
　　（八）心理宣泄/疏泄/疏导法（PC） ………………… 58
　　（九）暗示诱导法 ……………………………………… 58
　　（十）心理教育咨询 …………………………………… 59
　　（十一）应对方式 ……………………………………… 59
　　（十二）药物干预 ……………………………………… 59

下篇　实践篇

第四章　实践篇总论 ………………………………………… 63
　一、火灾后心理行为汇总 ………………………………… 63

二、火灾后核心指标统计调查结果 …………………………………… 64

第五章 对火灾后不同群体心理危机干预 …………………………… 69
 一、火灾亲历者心理危机干预方案及应用模式 ……………………… 69
  （一）火灾急性应激障碍的援助方案 …………………………… 69
  （二）火灾亲历者的干预方案 …………………………………… 72
 二、火灾死伤者亲友心理危机干预方案及应用模式 ………………… 81
  （一）死伤者（成人）家属危机干预方案 ……………………… 82
  （二）丧亲儿童的游戏治疗 ……………………………………… 90
 三、火灾一线救援人员心理危机干预方案及应用模式 …………… 104
  （一）预防性危机干预方案 ……………………………………… 104
  （二）经历影响较大的火灾刺激后的治疗性干预方案 ………… 112
 四、火灾关注者心理危机干预方案及应用模式 …………………… 126
  （一）普通人群（事件目击者、关注者）团体援助方案 ……… 126
  （二）普通人群（事件目击者、关注者）个体援助方案
    （成年人组） …………………………………………… 129

第六章 重特大火灾后心理干预工作实施方案 …………………… 136
 一、团队组建 ………………………………………………………… 136
  （一）人员构成及职责 …………………………………………… 136
  （二）组建原则 …………………………………………………… 137
 二、工作模式 ………………………………………………………… 137
  （一）工作对象、目标和原则 …………………………………… 137
  （二）工作实施——定点工作程序 ……………………………… 138

（三）工作实施——流动工作程序 …………………………………… 139

第七章　2013—2014 年全国亡人火灾或重大火灾典型案例 ………… 141
　一、2014 年全国亡人火灾或重大火灾典型案例汇编 ……………… 141
　二、2013 年全国亡人火灾或重大火灾典型案例汇编 ……………… 155

附录：心理危机评估与干预记录表——核心表 …………………… 184
参考文献 ……………………………………………………………… 191

上篇　理论篇

第一章 总 论

一、火灾概述

(一) 我国火灾发生状况

20 世纪 80 年代，是我国国民经济在改革开放方针的指引下，取得空前迅速发展的时期，但也是新中国成立以来火灾危害程度最为严重的时期。尽管 90 年代中后期，各级政府和社会各界对消防工作高度重视，也加大了消防投入，但并未遏制火灾上升的势头。无论是 20 世纪最后一个圣诞夜发生了非常惊人的河南洛阳东都商厦死亡 309 人的恶性火灾事故，还是 2015 年发生震惊全国的天津港"8·12"特别重大火灾爆炸事故，它们不仅警示"群死群伤火灾呈现反弹"趋势，而且反映出火灾严防意识严重滞后于经济建设和社会发展的客观现实。

面对一起起火灾带给我们的沉痛记忆，我们会发问为什么一次火灾会造成如此众多的人员伤亡？当前我国火灾的总体形势究竟如何？在今后几年内火灾是否还会更严重？我们应采取什么措施来遏制群死群伤恶性火灾的发生，减缓火灾的上升趋势，以适应国民经济和社会发展的要求。

相比于传统火灾，当下火灾呈现出以下新的特点。

1. 火灾总体形势日趋严重

从新中国成立 60 多年来的火灾（不包括港、澳、台地区，也不包括森林、草原、军队、矿井地下火灾，下同）情况看，火灾危害伴随着我国的经济建设和社会发展而日趋严重。据统计，50 年代我国火灾造成的直接财产损失平均每年不到 5000 万元，60 年代平均每年为 1.2 亿元，70 年代每年近 2.5 亿元，80 年代平均每年为 3.2 亿元，90 年代平均每年 11.6 亿元，2000 年火灾造成的直接财产损失达到 15 亿元。我国火灾发生数和火灾中的人员伤亡数也呈增多趋势。

图 1-1　1950—2010 年我国火灾情况统计

2. **群死群伤火灾，特别是一次死亡几十人、上百人甚至几百人的恶性火灾明显增多**

随着人民生活水平和工作环境的改善，许多家庭和工作环境的火灾荷载大大增加。一旦成灾，将对人的生命和财产造成严重危害，也将大大加剧火灾发生时人的心理压力，使火灾时人的行为更趋极端化和非理智化。

发达国家的资料表明，火灾及其危害呈现随着经济快速发展而不断增加的特点。通过我国 2000—2009 年十年间的火灾发生次数和火灾直接损失与 GDP 增速相比较（详见图 1-2），我们可以发现，火灾总量呈现随着经济快速发展而变得严峻的趋势。

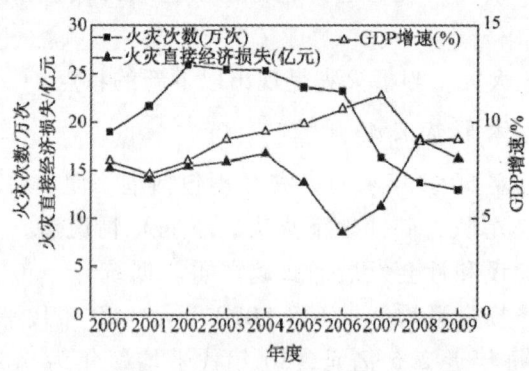

图 1-2　2000—2009 年我国火灾损失与 GDP 增速情况比较

3. 引发火灾的因素增多

随着建筑使用功能的提高，人们广泛使用电气设施和燃气、燃油设施，而这些极易形成引发火灾的点火源。同样以2000－2009年我国火灾起火原因统计来阐述。

表1－1　2000—2009年我国火灾起火原因统计

年度	起火原因/起								
	放火	电气	违反安全规定	吸烟	生活用火不慎	玩火	自燃	其他	不明
2000	7 499	31 933	7 083	10 168	33 558	9 001	1 417	8 592	13 001
2001	7 707	30 954	6 230	10 451	35 776	7 890	1 401	8 443	15 430
2002	8 415	29 741	5 966	11 278	38 760	15 881	1 658	8 674	19 184
2003	8 067	30 356	6 400	10 062	38 290	9 628	1 754	9 431	17 896
2004	8 740	29 448	6 104	10 593	42 991	11 148	2 156	20 105	11 283
2005	7 342	31 380	6 130	10 075	43 883	8 117	2 373	10 993	22 941
2006	5 961	32 431	5 392	9 676	41 165	7 625	3 161	11 952	23 311
2007	3 952	46 246	9 137	12 783	37 237	12 278	3 470	23 841	13 577
2008	3 618	40 599	7 403	9 906	30 925	9 520	2 881	20 992	10 991
2009	3 280	39 102	6 636	9 073	27 202	9 336	3 072	21 489	10 192

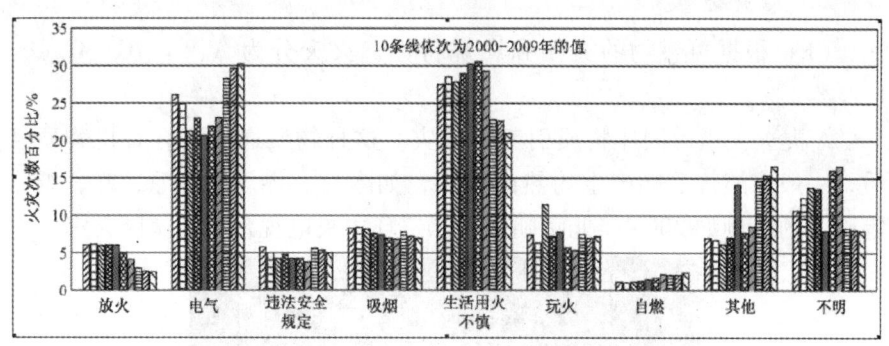

图1－3　2000—2009年我国火灾起火原因变化情况

由图可见，火灾多发于生活，对个体影响大、波及面广、影响时限长。火灾发生后，在抢救生命和财产之时，人们往往忽视幸存者及死难者家属或是火灾事件卷入者的心理创伤，火灾所造成的心理危机如同其他灾难（地震、矿难等）带来的后果一样，严重威胁到受灾者的生存健康和生命质量。

火灾中受影响的人是不幸的，其自身恢复的程度会影响着至少一个家庭的幸福指数，加上伤残人员的家庭，则会有更多的家属承受心理的痛苦。同时，参与救援的各类工作人员，包括消防员、管理人员等也不可避免地会经受心理磨难和痛苦，他们同样需要心理干预，因此，针对火灾后个体的心理危机干预的研究是必要且具有重大现实意义的。

近年来，国家政府相关部门及社会各界提高了对大灾后心理问题和心理干预重要性的认识。但是目前对火灾后的心理干预尚未被纳入救治系统的必备环节，也缺乏有针对性的心理干预策略和干预手段，这些都会对火灾后的救治效果产生不利影响，期待本书能为此做出相应的贡献。

（二）火灾的分类及等级划分

1. 火灾定义

火灾是指在时间和空间上失去控制的燃烧所造成的灾害。在各种灾害中，火灾是最经常、最普遍地威胁公众安全和社会发展的主要灾害之一。

2. 火灾分类

（1）根据可燃物的类型和燃烧特性，火灾分为A、B、C、D、E、F六类。

A类火灾指由固体物质引起的火灾。这种物质通常具有有机物质性质，一般在燃烧后能产生灼热的余烬，如木材、煤、棉、毛、麻、纸张等引起的，例如2009年北京朝阳区东三环中央电视台新址园区火灾。

图1-4 2009年2月9日（元宵节）20时27分，北京市朝阳区东三环中央电视台新址园区在建的附属文化中心大楼工地，因违规燃放烟花发生火灾

B类火灾指由液体或可熔化的固体物质引起的火灾，如煤油、柴油、原油、甲醇、乙醇、沥青、石蜡等引起的火灾，例如2011年中石油大连石化分公司七厂柴油储油罐火灾。

图1-5 2011年8月29日10时06分，中石油大连石化分公司七厂柴油储油罐发生火灾。现场知情人员称，这次火灾是由于工作人员操作过程中发生静电起火引发爆炸而引起的

C类火灾指由气体引起的火灾，如煤气、天然气、甲烷、乙烷、丙烷、氢气等引起的火灾。

图1-6 2010年9月11日15时许，广州市花都区新华镇一煤气店工人在换煤气置换瓶时，发生泄漏遇明火引发火灾

D类火灾指由金属引起的火灾，如钾、钠、镁、铝镁合金等引起的火灾。

图1-7　2010年5月10日17时15分，山西省吕梁市交城县
西石侯村一加工厂金属镁发生火灾

E类火灾指带电火灾，即由物体带电燃烧引起的火灾。

图1-8　2009年8月20日下午，在浙江开化县独山工业区
工作的一台挖掘机，由于电气线路短路突然发生自燃

F类火灾指由烹饪器具内的烹饪物（动植物油脂）引起的火灾。

图1-9　2011年1月5日6时30分，沈阳市和平区南五马路一栋
居民楼发生火灾，90岁老人独自在家，对炉灶看管不慎，在家中不幸遇难

（2）根据伤亡损失程度火灾分为四个等级。

根据2007年6月26日公安部下发的《关于调整火灾等级标准的通知》，新的火灾等级标准由原来的特大火灾、重大火灾、一般火灾三个等级调整为特别重大火灾、重大火灾、较大火灾和一般火灾四个等级。

Ⅰ特别重大火灾指造成30人以上死亡，或者100人以上重伤，或者1亿元以上直接财产损失的火灾。

图1-10 黑龙江大兴安岭"5·6"森林火灾

1987年5月6日，黑龙江省大兴安岭森林地区的西林吉、图强、阿尔木和塔河4个林业局所属的几处林场，同时起火，这是新中国成立以来损失最严重的森林火灾，至5月26日扑灭，过火面积100万公顷，毁林面积65万公顷，烧毁贮木场和林场的木材80多万立方米，毁屋64万平方米，其中民房40万平方米；毁掉各种设备2488台，其中汽车、拖拉机等大型设备617台；桥涵67座，总长1340米；铁路专用线9.2千米；通讯线路483千米；输变电线路248千米；粮食325万公斤；受灾群众10 807户，56 092人，死亡193人，受伤226人；直接经济损失5亿元。

图1-11 纽约世贸中心"9·11"事件

美国东部时间2001年9月11日早晨8：40，恐怖分子通过劫持多架民航飞机进行自杀式恐怖袭击，造成美国纽约地标性建筑世界贸易中心双塔在内的6座建筑被次生的火灾完全摧毁，其他23座高层建筑遭到破坏，美国国防部总部所在地五角大楼也遭到袭击。

在"9·11"事件中共有2 998人罹难（不包括19名劫机者）：其中2 974人被官方证实死亡，另外还有24人下落不明。罹难人员名单中包括四架飞机上的全部乘客共246人、世贸中心2 603人、五角大楼125人。共有411名救援人员在此事件中殉职。

图1-12　上海高层公寓"11·15"火灾

2010年11月15日，上海市静安区胶州路教师公寓一栋28层高住宅楼发生特别重大火灾，造成58人死亡，71人受伤，直接经济损失1.58亿元。

图1-13　"7·22"京珠高速中巴火灾

2011年7月22日凌晨4时，一辆由山东威海至湖南长沙的双层卧铺中巴客车在京珠高速938千米处河南明港段发生火灾事故。事故发生时车内共47人，其中6人逃生，41人遇难。

Ⅱ 重大火灾指造成10人以上30人以下死亡，或者50人以上100人以下重伤，或者5 000万元以上1亿元以下直接财产损失的火灾。

图1-14 吉林市商业大厦重大火灾

2010年11月5日9时17分，位于吉林市船营区珲春街12号的吉林市商业大厦发生重大火灾，共造成19人死亡，24人受伤。

Ⅲ 较大火灾指造成3人以上10人以下死亡，或者10人以上50人以下重伤，或者1 000万元以上5 000万元以下直接财产损失的火灾。

图1-15 德汇国际广场批发市场发生火灾

2008年1月2日20时25分许，位于乌鲁木齐市钱塘江路508号的德汇国际广场批发市场发生火灾，过火面积约6.5万平方米，共造成5人死亡（其中包括2名群众和3名消防人员）。

Ⅳ 一般火灾指造成3人以下死亡，或者10人以下重伤，或者1 000万元以下直接财产损失的火灾。（"以上"包括本数，"以下"不包括本数。下同）

图 1-16 一般火灾

2010年12月21日21时50分左右,福州五一南路唐城大厦旁,一片旧式的棚户区木结构房屋发生大火,无人员伤亡。

(三) 研究背景

1. 突发灾难事件频发,相对应的心理救援方兴未艾

近些年突发灾难事件如汶川大地震、玉树地震、皇朝万鑫火、天津舒县大火灾等灾难不仅是经济方面的损失,更是对生命健康的威胁。突发灾难事件通常包括自然灾害(地震、海啸、洪水、风灾、山崩、泥石流、传染性疾病等)、意外事故(火灾、矿难、空难、沉船、严重交通事故、爆炸等)、人为灾难(战争、饥饿、恐怖袭击等)。理论上说,卷入灾难事件的所有人都会留下心理阴影,区别在于程度的轻重,突如其来的灾难事件发生时,它远远超过了个体的应付能力,并使个体产生一系列生理、神经内分泌、神经生化、免疫功能以及情绪、认知、行为活动等心理的变化,使个体社会功能受损,所以我们需要对此类人群进行灾后心理重建。

随着社会文明的不断进步,心理救援作为一项重要的工作,走入人们的视野并不断深化,得到各方重视。目前灾后心理救援工作方兴未艾,我国第一次心理危机干预始于1994年新疆克拉玛依大火后的心理救助,此次灾后心理干预为我国心理危机干预实践提供了成功经验。"心理危机干预"进入公众的视野,源于2002年大连"5·7"空难的干预实践。2006年浙江遭遇严重台风袭击，浙江省卫生厅、科协、心理卫生协会等部门联合组建心理救助，这是我国第一次以政府名义进行的心理救助。此后，在"非典"、汶川大地震等多次突发公共和灾害事件中，心理危机干预因其发挥的作用而受到重视，但我国心理危机干预的社会体系尚不健全。在国内此方面的研究多以理论化、概括化的设想为主，实证研究较少，研究可概括为以下三方面：一是对突发性事件的心理干预；二是对地震灾后群体的心理干预；三是对受灾者危险因素的分析。目前针对火灾的全方面、系统化的心理危机干预并能得到实证研究支持的尚未出现。因此，建立和完善心理危机干预机制，越来越成为现代社会的迫切需要，心理危机干预成为遭受严重心理创伤者的一种有效的心理社会干预方法，通过强调干预的时间紧迫性和干预的效果，尽可能地在短时间内采用有效应付策略，帮助人们恢复已失去平衡的心理状态。

2. 在火灾安全研究中，心理方面的研究逐步受到重视

火灾是世界上最大的灾害之一，近二十年来伴随大型和超大型建筑物的不断涌现，火灾安全隐患也在不断增加，使得我国面对的火灾形势日益严峻，因此，有效预防和控制建筑物火灾成为安全科学领域研究的一项重大课题。目前，我国火灾科学研究已经取得了大量的成果。但火灾安全科学研究较为偏重对建筑物的研究，而对火灾建筑物中"人"的研究还相对薄弱。心理危机干预作为帮助火灾应激者的一种有效的社会及医学干预手段，可帮助人们恢复已失去平衡的心理状态，减少火灾的后续伤害。已有研究表明，有效的心理危机干预可帮助人们获得生理、心理上的安全感，缓解乃至稳定由危机引发的强烈的恐惧、震惊或悲伤的情绪，恢复心理的平衡状态，对自己近期的生活有所调整，并学习到应对危机有效的策略与健康的行为，增进心理健康。现代意义的心理危机干预主要是科学精神和人文关怀的结合，不仅体现了"以人为本"的社会文明理念，也体现了救援机制的进一步完善与成熟。心理危机干预作为重大突发事件后的处置机制，越来越成为现代社会的迫切需要。查阅相关文献后我们发现，辽宁的社会心理干预事业，起源于2002年大连的"5·7"空难后。2004年8月，辽宁省第一家心理危机干预中心在大连成立，发展历史较短，研究成果有限。目前研究针对火灾引起的心理危机干预主要服务于武警消防等救灾一线的成员，并且量化研究有限，对火灾应激的其他受害者提供科学心理危机干预无论在数量还是质量上均比较有限，这在一定程度上暴露了辽宁社会心理危机干预事业的缺陷。因此，通过在测量、访谈基础上建立起灾后人员心理和行为指标数据库，并以此为基础构建一套标准统一、有目标、分层次、分阶段、可操作性强的多维火灾心理危机干预机制，对重大突发事件后的处置机制建设具有十分重要的意义，同时对充实我国的安全管理学、心理学、公共管理学等也有理论意义。

3. 心理危机干预工作实施的针对性、可操作性有待加强

灾难发生后，有组织、有计划地为现场救援人员提供心理援助和心理干预是非常有必要和有意义的救援策略之一。有效的心理治疗，可以减轻他们的痛苦，帮助他们适应社会和工作环境，提高他们的社会功能和生活质量。而心理危机干预工作实施的针对性和可操作性是此项工作有效性的重要保障。

目前研究成果将突发灾难事件中心理受灾人群大致分为四级：第一级人群为直接卷入灾难的人员、死难者家属及伤员，以及灾难幸存者；第二级人群是与第一级人群有密切联系的个人和家属，可能有严重的悲哀和内疚反应，需要缓解继发的应激反应；第三级人群为现场救援人员（武警消防官兵、120救护人员、其他救护人员、志愿者）；第四级人群为事件的相关工作者，包括社区成员、对灾难的可能负有一定责任的组织及个人，他们易感性高，可能表现出心理病态的征象。干预重点应从第一级人群开始，逐步扩展，一般性干预宣传教育要广泛覆盖到每一级人群，对科学制定针对性强的干预方案具有指导性意义。近年来，人们开始重视人类自身应对灾害的脆弱性问题，灾害对幸存者及救援者的心理行为影响成为关注热点。通常情况下人们注重第一级人群的心理危机干预，而其他人群往往被忽视。

二、火灾后心理危机干预的研究对象与方法

(一) 调查对象

1. 对象

调查对象主要包括直接受到火灾威胁的危机亲历者（受伤及未受伤）、救援人员（主要为直接接触火场的消防官兵）、火灾中死伤者家属及朋友、火灾关注者（同社区的居民、搜寻的非现场工作人员［后援］、康复工作的人员或志愿者）。

2. 取样

为保障取样的代表性，在研究和制订实施方案时均要选取具有代表性的案例，被干预者年龄跨度为4岁~53岁，其中男女比例分别是男性占54%，女性占46%。根据对象，要求心理干预人员在调研过程中按照团体辅导与个体辅导分别进行干预方案的制订和实施。

(二) 研究方法

火灾后应激群体是一个非常特殊的群体，特别是火灾亲历者和死伤者家属，其情绪、认知、行为处在一个特殊的复杂状态，所以采用单一的调查方法无法满足多样性的现实。此外，每个被调查事件的独立性、被调查对象的个体特征等对于大样本数据的积累、统一规范的有效操作似乎是一种矛盾，但研究团队通过参考其他危机事件的干预案例和实践摸索，运用多基线的实验设计避免了各方面因素的相互干扰，形成了以下研究方法。

1. 系统培训个人危机干预流水式操作及大样本数据构建

科研团队以课题研究为基础系统培训调查人员（医生、部队心理学工作者、心理咨询），意在通过火灾应激个案的小样本的心理行为数据建起大样本数据库，为心理危机干预诊断支持系统提供支撑，依托这一系统有针对性地制定心理干预方案并对其临床效果进行量化评估。

到底如何用个案进行小样本的实验设计呢？通过不断论证和探讨

最终采用多基线的实验设计，另一种行为或另一个研究对象仍处于基线条件下，如果这种未受处理的行为在处理因素引进之前保持稳定，而后随心理因素的变化而变化，可以认定是处理因素导致该行为的改变，而不是一些碰巧在观察期内发生变化的其他因素所导致的，这是为小样本设计的多基线实验设计，具体操作方法将在第三章以具体案例介绍。之后依据三维评估系统，以案例对象的情绪、认知和行为三方面为指标，形成火灾应激者心理行为数据库，以此三方面来考察评估指标，通过相应的干预方式、干预技术建立起干预方案并实施。

2. 定量定性相结合的调查法

定量定性相结合的调查法主要是针对火灾后的儿童、青少年和成年人进行心理危机干预调查问卷和火灾救援人员心理危机干预调查问卷的方法，依据调查目标对不同个体的情绪、认知、行为应用进行访谈。调查方法的总体示意图如下。

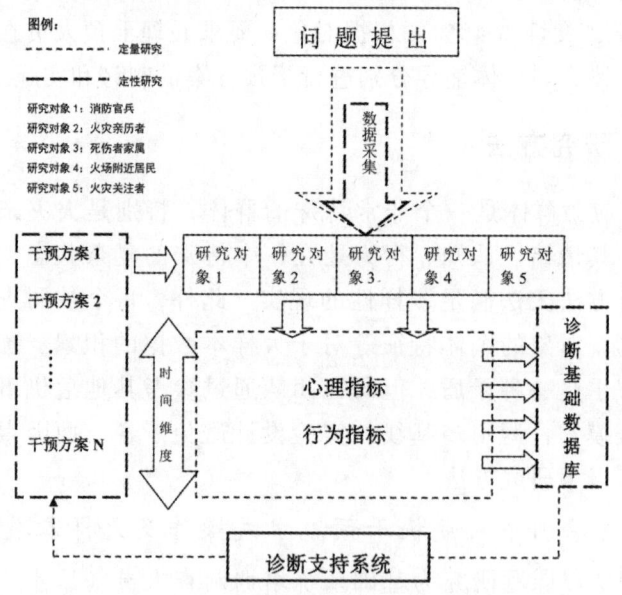

图1-17　调查方法总体示意图

此外，在案例的编码归类方法简要介绍下和火灾心理危机干预操作程序指导下，我们尝试将个案研究数据纳入到大样本的规范化统计中去。具体方法是先将每个案例进行编号：咨询师姓名拼音的首字母+组别（立即组为1，等待组为2）+案例顺序号。如刘影（ly）的来访者是等待组（2）第一个人（01）则案例编号为ly201。再把收集而来的数据统一录入到已设置好的SPSS文件，通过对同一个案例下，立即组和等待组在认知、行为和情感方面的评估结果的差异性检验结果来判断干预方案的有效性。

三、火灾后心理危机干预的前期准备

对火灾情况的了解，包括救援、天气等对火灾救援的影响，以及对目前相关政府部门的救援计划和实施情况。这是保证心理干预活动顺利开展的重要准备工作。

（1）确定心理干预地点。

（2）确定干预对象及其分布和数量。

（3）印刷心理危机干预评估问卷和相关宣传资料。

（4）联络、了解所要干预地区、医院、住院受伤人员、死难者及家属分布和安置情况，制订具体的干预程序。

（5）制定危机干预实施方案（此部分将会在下篇-实践篇第六章中具体阐述）。

（6）异地工作时，干预团队需要的食宿及自用物品。

（7）如有可能对与危机干预对象能直接接触的当地医护人员进行危机干预知识培训，扩大人力资源，减少对干预对象的治疗影响，并能准确获得干预对象的相关情况以备后续跟踪随访。

四、富有成效的危机干预工作者的特征

1. 生活经验

一个理想的危机干预工作者应该是能深入体验生活、成熟、富有生活经验的人，并接受过专业化的训练、职业指导等，有一定的知识积累。他们可以将这些生活经验运用到实际工作中，这样的工作者可以不断将生活经验的有益方面整合到自己治疗工作中，更深层面，可以将这些经验整合进自己对生活及人生的理解中。

2. 迅速的反应

心理危机干预需要快速反应，有效解决问题。干预者需要具备快速反应的思维和行动能力，以适应现实需要。

3. 沉着冷静

危机干预工作者经常会面对完全失去控制的当事人、令人震惊和危险性的事件和信息。在这个时候，危机干预工作者所能提供的最重要的帮助应该是自己沉着、镇定和冷静的判断和帮助策略。危机干预工作者通过创造出一个稳定、理性的气氛，也是在为危机当事人提供榜样，从而有助于当事人恢复到平衡的状态。同时在这种高度紧张的情况下，危机干预工作者能采用各种放松技术保持冷静，更重要的是他们能沉着、镇定地帮助当事人建立起从危机中解脱的信心。

4. 创造和灵活的应变力

干预的技术和技巧的掌握是一码事，如何使用这些技术以适应当事人的需要确是另一方面的事，一个人当面对困难时究竟能表现出多大的创造性，这很大程度上取决于他们在生活中通过敢于面对挑战、实践发散性思维而培养起来的创造性。具体干预工作可能遇到行动困难、条件限制、紧急情况等问题，需要干预者充分发挥创造性和灵活性，利用现有条件想办法解决问题。

5. 精力及精力的恢复

火灾应激干预的基本特征之一是要面临很多的未知情况，因为火灾属突发状况，可能人员众多，情况复杂，所以心理危机干预的工作量和工作强度很大，有时候条件很艰苦，需要长时间连续工作，因此要求干预者有良好的体力和耐力，并能快速恢复自己的精力，充分利用好自己的精力。

6. 成长的潜能

危机干预中的助人是一种互惠的关系，危机干预者每次成功解决一个危机案例后，本身也必然发生变化。这样的干预除了帮助当事人度过危机，同时也能丰富危机干预者的生活阅历，是一种积极的成长潜能。

个人的特征相比于技术是在进行危机干预前更要考虑的因素，干预过程中的困惑、挫折、恐惧、愤怒和烦恼是工作中的常伴，这时自我概念中坚强积极的态度、乐观基于现实的灵活应对、迅速而沉着的心境还有持之以恒的韧性要比具体习得的技术更能帮助危机干预者出色地完成工作，这在此前许多优秀的危机干预者身上已得到体现。

五、火灾后心理危机干预的常见问题

心理危机干预是指针对处于心理危机状态的个人及时给予适当的心理援助。这不是心理治疗，而是一种程序化的心理服务。

（1）与火灾事件紧密接触后，通常会出现什么样的身心应激（PTSD，创伤后应激障碍，包括情绪、认知、行为等）反应？这种反应随着时间的推移，会发生怎样的变化？

首先，我们需要区别一下PTSD（创伤后应激障碍）和正常的应激反应。现在心理学知识比较普及，很多人心理安全意识很强，于是就会有一种担心，这种担心有时会导致把很多正常的应激反应认为是PTSD或者是"精神疾病"的前兆，对此高度紧张，实际这是不必要的。

灾害事件结束之后，正常的应激反应包括——

情绪上：恐惧担心（害怕再会有火灾发生，或者担心再有不幸的事情发生在自己或家人的身上）、迷茫无助（财产受到很大的损失，未来的生活要怎么过啊）、悲伤（为亲人或其他人的死伤感到悲痛难过）、内疚（感到自己做错了什么，因为自己比别人幸运而感到罪恶）、愤怒（觉得上天对我不公平，觉得自己不被理解，不被照顾）、失望和思念（不断地期待奇迹出现，却一次次地失望）等。

行为上：脑海里重复地闪现火灾发生时的画面、声音、气味；反复想到逝去的亲人，心里觉得很空虚，无法想别的事；失眠，噩梦，易惊醒；没有安全感，对任何一点风吹草动都"神经过敏"，等等。需要再次强调，以上这些反应都是正常的。

大部分反应随着时间的推移，都会渐渐减弱，一般在一个月以后，我们就可以重新回到正常的生活。像哀伤、思念这样的情绪可能会持续得更久，伴随我们几个月甚至几年，但不会对生活造成太多影响，能直面哀伤继续生活。

对于少数人，问题可能持续存在，如果出现第10点中列举的问题，而且持续时间长，严重影响了个人的工作和生活，则需要注意寻求心理卫生专业人员的帮助，看其是否罹患PTSD或其他心理障碍。

（2）在遇到灾难事件时，镇定和冷静能做到的吗？如果保持镇定和冷静，会有什么样的作用？

经历重大灾难之后，出现恐惧、担心、悲伤、愤怒等情绪反应都是正常的，大多数人并不能在第一时间保持绝对的"镇定和冷静"。因此，不要对自己的表现失望，更不应刻板地要求别人和自己一样，保持镇定和冷静。

当然，若能在情绪反应出现之后，调整心态，恢复镇定和冷静，则具有非常积极的作用，它可以帮助人们更加理性地思考和分析。

（3）对于灾难中的幸存者、死难者家属以及救援人员，当面对和处理自己的一些心理反应时，如何处理是不合适的？

不合适的处理包括——

① "我得想办法，让自己别再这样下去。"——过于担心。因为自己有了某些心理反应（比如失眠、噩梦、强烈的惊恐和悲伤）而误将其当作"病态"，从而刻意地去试图压抑，反而对自己没有好处。

② "我没事，我挺好的。"——隐藏感觉。更好的做法是试着把情绪讲出来，让周围的人一同分担。

③ "别哭了，我们不要难过了。"——阻止亲友的情感表达。事实上，引导他们说出自己的痛苦，是帮助他们减轻痛苦的重要途径之一。

④ "怎样才能把这件事忘掉？"——试图遗忘。其实伤痛的停留是正常的，更好的方式是与我们的朋友和家人一同去分担痛苦。

（4）不是所有的人都能及时获得心理咨询师或治疗师的救助，在此情况下，我们可以学习的一些心理自助方法是什么？

面对如此大的冲击，在灾难发生后，尽快让自己回复日常的生活状态是重要的。以下就是一些简便的心理自助方法。

①保证睡眠与休息，如果睡不好可以做一些放松和锻炼的活动。

②保证基本饮食，食物和营养是我们战胜疾病创伤、康复的保证。

③与家人和朋友聚在一起,有任何的需要,一定要向亲友及相关人员表达。

④不要隐藏感觉,试着把情绪说出来,并且让家人和朋友一同分担悲痛。

⑤不要因为不好意思或忌讳,而逃避和别人谈论自己的痛苦,要让别人有机会了解自己。

⑥不要阻止亲友对伤痛的诉说,让他们说出自己的痛苦。这是帮助他们减轻痛苦的重要途径之一。

⑦不要勉强自己和他人去遗忘痛苦,伤痛会停留一段时间,这是正常的现象,更好的方式是与我们的朋友和家人一起去分担痛苦。

(5) 不是所有的人都能及时获得心理咨询师或治疗师的救助,在此情况下,作为陪伴者,我们可以学习哪些与灾难幸存者交谈的技巧?

当灾难刚刚发生时,在努力去理解和感受灾难幸存者情绪的基础上,

要说——

对于你所经历的痛苦和危险,我感到很难过。

你现在安全了(如果这个人确实是安全的)。

这不是你的错。

你的反应是遇到不寻常的事件时的正常反应。

你有这样的感觉是很正常的,每个有类似经历的人都可能会有这样的反应。

你现在的反应是正常的,你不是发疯了。

事情可能不会总是这样的,它会好起来的,而你也会好起来的。

你现在不应该去克制自己的情感,哭泣、愤怒、憎恨、想报复等都可以,你要表达出来。

不要说——

我知道你的感觉是什么。

你能活下来就是幸运的了。

你能抢出些东西算是幸运的了。

你是幸运的,你还有别的孩子/亲属,等等。

你还年轻,能够继续你的生活/能够再找到一个人。

你爱的人在死的时候并没有受太多痛苦。

她/他现在去了一个更好的地方/更快乐了。

在悲剧之外会有好事发生的。

你会走出来的。

不会有事的,所有的事都不会有问题的。

你不应该有这种感觉。

时间会治疗一切的创伤。

你应该要将你的生活继续过下去。

(6)"我"没有救下"我"的亲人,如何减少负罪感?

在严重的灾难之后,人们比较容易出现内疚或负罪感。人们会恨自己没有能力救出家人,希望死的那个人是自己而不是亲人;因为比别人幸运而感觉罪恶;感到自己做错了什么,或者没有做应该做的事情来避免亲人的死亡。亲人死亡对幸存者而言是一种严重的丧失,因此有上述提到的负罪感是一种正常的反应。通常这些反应都会在一个月之内缓解,若一个月后,这种负罪感仍强烈存在,则需要寻求心理专业工作人员的帮助。

(7)亲人丧失后,该如何承受突如其来的丧亲之痛?

丧失亲人之后,人们通常都会经历如下四个心理反应过程:

①休克期:可能会出现情感麻木,否认丧失亲人的事实;

②埋怨期:有些人会自责,后悔自己没有救出亲人,有些人会愤怒,对灾难造成的亲人丧失感到非常生气;

③抑郁期:有些人会出现情绪低落,不愿意见人,特别是丧失了孩子的家长特别不愿意看到与自己孩子同龄的儿童;有些人什么都不想干,对什么都没有兴趣,夜间噩梦、失眠等;

④恢复期:不再做噩梦,开始适应新生活。

在居丧过程中,可有以下一些心理自助方法:

①对于丧亲者而言,出现以上的心理反应是正常的。若如上反应持续时间超过半年或者过于强烈,则应寻求专业人员的帮助;

②应当尝试表达哀伤、自责、愤怒等情绪。哭泣、向他人倾诉、写日记等方式都有利于情感的表达;

③可以寻求家人和朋友的帮助和支持,向他们表达自己的需要,

让大家一同分担悲痛。

（8）灾难后，如何帮助孩子们？

孩子的承受力与自我调节能力相对于成人要弱，特别是面对火灾这种危及生命的危机，甚至有些儿童在火灾中遭受了创伤。除了需要应对外伤、饥饿、寒冷等他们不熟悉的情况外，儿童同样会经历心理上的创伤。由于儿童比成人更为脆弱，因此此时更需要关注儿童的反应，及时地保护儿童。

第一，需要留意孩子的如下反应。①情绪反应：感到恐惧、害怕，有的会哭泣，有紧张、担忧、迷茫、无助的表情；警觉性增高，如难以入睡、浅睡多梦易惊醒；出现头痛、头晕、腹痛、腹泻、哮喘、荨麻疹等症状，这可能是紧张焦虑的情绪对身体造成的伤害。②行为反应：发脾气、攻击行为；过于害怕离开父母或亲人，怕独处；有些长大的孩子好像又变小了，出现遗尿、吮手指、要求喂饭和帮助穿衣等幼稚行为；有些儿童会情绪烦躁、注意力不集中、容易与其他人发生矛盾等。

第二，需要更为关注以下可能在灾害中更容易受到心理伤害的儿童：在灾难中身体受伤的儿童；以往遭受过灾难或创伤事件的儿童；女童；患躯体疾病、残疾的儿童，包括智力障碍儿童；或者以前曾经有过情绪、行为问题的儿童；有精神疾病家族史的儿童。

第三，在保证儿童身体和环境安全、预防潜在的危险方面，需要注意以下几个方面：①优先保证儿童身体安全，对于受伤儿童立即给予医疗救护；②优先解决脱离火灾后的儿童的基本生存问题；③尽量将儿童安排到相对安静的环境，避免孩子走失或因环境拥挤引起恐惧和焦虑。

第四，在心理保护方面，需要注意以下几个方面。①促进表达：鼓励并倾听孩子说话，允许他们哭泣，尽量不唠叨孩子，告诉孩子担心甚至害怕都是正常的，条件允许的情况下鼓励孩子玩游戏，不要强求孩子表现勇敢或镇静。②多做解释：不要批评那些出现幼稚行为的孩子，这些暂时出现的"长大又变小了的行为"，是孩子应对突发灾难时常见的心理反应。对孩子不理解不明白的事情要用他们能够理解的方式解释。同时要给予希望，向他们承诺，火灾只是暂时的困难，鼓励孩子积极向上的信心，避免将大人的消极情绪转移给孩子。③如果灾情重大或影响面广，直接受影响的孩子多，要及时发现问题，积极请求精神科医生的帮助，必要时进行心理服务，避免群体性精神障碍发生。④成年人应尽量不要在儿童面前表现出自己的过度恐惧、焦虑等情绪和行为，及时处理自己的压力和调整情绪。成年人稳定的情绪、坚强的信心、积极的生活态度会使儿童产生安全感。⑤如果儿童因为受灾引起的心理问题持续存在，应该及时到医院精神科或心理门诊就诊。

附：保护受灾儿童简单口诀：[①]

先医疗，救生命；保温暖，供饮食；

睡好觉、防丢失；防疫病，手勤洗；

找玩具，讲故事；莫惊恐，多解释；

鼓信心，要重视；指导下，看电视。

心烦躁，情绪低；找医生，健心理。

（9）一直无法安睡，处于惊恐中，我该怎么办？

火灾过火，出现恐惧、担心、失眠等心理反应是正常的。个别人由于逃生过程和救助别人的过程消耗了大量的体力，造成精神的崩溃：有的人会凭空听见有人叫自己的名字、与自己说话或者命令自己做事，比如把衣服脱掉，把东西给人等；还有的人凭空怀疑周围的人是坏人，要抢劫或谋害自己，因此感到十分害怕恐惧；还有的人感觉周围变得不清晰，不真实，如在梦中，走到危险的地方也没有察觉。还可能出现幻觉，"看到"去世的亲人、"听到"不在身边的亲人的呼唤。他们经常夜不能寐、食不甘味、噩梦频频，灾难场景不断在脑海萦绕，挥之不去，听到灾难相关的消息即悲痛不已或恐惧不安。这些急性应激反应一般在灾难发生 48～72 小时后逐渐减轻，多数在 30 天内明显缓解。

出现这些情况，首先，应当尽可能保证睡眠与休息，如果睡不好可以做一些放松和锻炼的活动；其次，应当保证基本饮食，食物和营

[①] 摘自中国疾控中心精神卫生中心、北京大学精神卫生研究所、全国联合抗震救灾心理救援专家组《心理自救互救宣传手册二：抗震救灾中儿童心理应激反应的预防与处理》。

养是我们战胜疾病创伤，康复的保证；最后，与家人和朋友聚在一起，有任何的需要，一定要向亲友及相关人员表达。

但是少部分人在遭遇灾难后的心理反应则会延续数月、数年，而表现为"创伤后应激障碍"。灾后尽管时过境迁，他们仍睹物思人、触景生情，灾难片段在脑海中、梦中反复闪现，甚至不愿在原来的环境中生活，不愿和人交往，表现得过于警觉等。若有上述情况发生，则需要寻求心理专业工作人员的帮助。①

（10）如何判断自己和家人必须去找心理咨询师或治疗师？

如前所述，人们在严重灾难之后，通常都会出现一系列的诸如恐惧、悲伤、愤怒等正常的心理应激反应。但若体验到强烈的害怕、失助、或恐惧，或者同时具有如下表现，严重影响了工作与生活，则可能需要寻求心理卫生专业工作人员的帮助：

①彻底麻木、没有情感反应、经常发呆，对现实有强烈的不真实感，对创伤事件部分或全部失去记忆；

②脑海中或者梦中持续出现灾难现场的画面，并且感到非常痛苦；

③回避跟灾难有关的话题、场所、活动，对生活造成了严重影响；

④经常出现难以入睡、注意力不集中、警觉过高以及过分的惊吓反应。

此外，若上述反应并不强烈，但持续时间长，也应当注意寻求专业人员的帮助。除了上述情况之外，有些人可能还会表现出其他心理问题，包括酗酒、性格改变等，这些情况均应寻求心理卫生专业人员的帮助。

六、火灾后心理援助的意义

不能预期的灾害不但使受灾者在物质方面损失惨重，而且给人们的心理带来了巨大的负面影响。亲人的伤亡、自身安全及财产受到巨

---

① 部分摘自中国疾控中心精神卫生中心、北京大学精神卫生研究所、全国联合抗震救灾心理救援专家组《心理自救互救宣传手册二：抗震救灾中儿童心理应激反应的预防与处理》。

大的威胁，生存的压力和心理上的危机体验是可想而知的，灾害带给受灾者的身体影响和心理冲击是广泛而深远的。近二十年来伴随建筑物构造及用材的变革，火灾安全隐患也在不断增加，火灾在严重威胁公众生命、财产安全的同时，其对社会公众心理健康的威胁开始受到社会的广泛关注。心理危机干预作为帮助遭受火灾心理创伤者的一种有效的医学及社会心理干预方法，可以帮助人们恢复已失去平衡的心理状态，对于维护和促进社会公众身心健康和社会发展具有重要的作用，也是我国构建和谐社会的需要。因此，建立一个有效的火灾心理危机干预机制与系统有着十分现实的意义。

  火灾作为影响巨大的公共安全事件之一，具有高发性、危害性大等特点。火灾在威胁公众财产安全的同时，更重要的是对公众生命、健康的威胁。其中火灾现场救援人员、火灾亲历者及其亲友、火场周围居民等火灾事件中不同程度卷入人员的心理健康问题在我国长期以来并未得到足够的重视与关注。本项目旨在通过系统科学的研究，建立我国火灾卷入群体心理行为数据库和基础诊断案例数据库，据此构建火灾应激与心理危机干预诊断支持系统，制定火灾后心理危机干预有效模式并实施干预，最大限度减轻火灾次生伤害，帮助干预对象心理重建和适应新生活。心理危机干预的发展水平是一个国家或地区的社会文明和精神文明的标志，本项目对于维护和促进人类身心健康和社会发展有重要的意义，也是我国构建和谐社会的需要。

  除此之外，此研究项目的意义不仅体现在学术层面，还体现在应用与公益层面，具有社会价值和经济价值。其应用性与公益性在于其有助于对火灾应激与心理危机的全方位、系统化的诊断干预工作的推进，有助于我国心理危机干预社会系统的建立，从而有利于最大限度地控制和减缓灾后群体的心理社会影响，降低心理疾病的发生率和心理社会功能的后遗影响，防止将心理问题泛化，促进灾后受灾群体心理健康和社会秩序的重建。

第二章 火灾后应激的相关障碍

一、应激与危机干预的概述

(一) 应激与应激源

应激是机体在各种内外环境因素及社会、心理因素刺激时所出现的全身性非特异性适应反应，又称为"应激反应"，这些刺激因素称为"应激源"。应激是在出乎意料的紧迫与危险情况下引起的高速而高度紧张的情绪状态，直接表现即精神紧张，以及生理、心理反应的总和，同时也是生物系统导致损耗的非特异性生理、心理反应的总和。

心理应激反应不同于心理应激障碍，只有应激反应超出一定强度或持续时间超过一定限度，并对个体的社会功能和人际交往产生影响时，才构成应激障碍。《中国精神障碍分类与诊断标准第3版》（CCMD3）将应激相关障碍分为二大类，即急性应激障碍和创伤后应激障碍。

1. 心理应激反应的主要症状

（1）意识状态警觉性增高，对刺激很敏感，普通声光刺激易导致惊跳反应。

（2）注意力分散而难以集中，易出差错。

（3）思维单一、刻板，缺乏灵活性，轻率作出决定，或思维杂乱，茫无头绪。

（4）情感活动情绪不稳、易激惹，甚至出现攻击行为，易哭泣，或表情茫然，或激情发作、号啕大哭，或焦虑不安、慌张恐惧，亦可出现悲观抑郁。

（5）行为动作坐立不安、震颤、小动作多，或刻板、转换动作。

（6）自主神经功能症状食欲减退，睡眠障碍、口干，尿意频繁，性功能障碍或性欲减退，月经不调，头昏头痛，倦怠乏力，慢性躯体疼痛等。

（7）物质依赖（烟、酒、药物等用量增加）。

2. 应激障碍的分类

（1）急性应激障碍（acute stress reaction，ASR）：又可称"急性压力障碍"，危机事件使个体进入一种精神创伤状态，这种状态会一直持续到个体对创伤事件进行重新认识、分类和理解。并且仅当此时心理平衡才能再度恢复（Furst，1978），通常在事件发生一个月后才会恢复心理平衡。对于大多数人来说，这是一种典型且正常的反应。

（2）创伤后应激障碍（post - traumatic stress disorder，PTSD）：人在遭遇或对抗重大压力后，其心理状态产生失调之后遗症，包括生命遭到威胁、严重物理性伤害、身体或心灵上的胁迫。有时候创伤后应激障碍被称之为"创伤后压力反应"，以强调这个现象是经验创伤后所产生之合理结果，而非病患心理状态原本就有问题。创伤后应激障碍又译为"创伤后压力症""创伤后压力综合征""创伤后精神紧张性障碍""重大打击后遗症"。

（二）心理危机干预的概念

在了解危机干预的概念之前对如下概念应初步了解。

1. 精神创伤

一般来说，给身心带来痛苦，并对精神造成强烈冲击，以后随着时间的消逝仍残留在记忆中，给当事人身心造成不良影响（或后遗症）的，叫做"精神创伤"或"心灵创伤"。精神创伤的许多临床表现常常以应激的、一过性的障碍为主，随着时间的流逝，许多当事人的创伤程度会减轻或消退。但也有一些人会形成慢性的后遗症状，并给此后的生活和人生带来不少痛苦和烦恼。

2. 心理危机及其分类

心理危机：泛指各类创伤所引起的一种暂时失去应对能力和心理失衡的状态。布拉默（Brammer，1985）根据应激源的种类不同，心理危机可分为发展性危机、情景性危机、环境性危机、生存性危机。

火灾后心理危机是多种危机的混合体，只是针对不同个体的具体情况不同，主要的危机特点略有不同。

发展性危机：是指正常人生中发生一些事件，只是因为这些事件带来的重大的人生转折意义而易于引起异常的反应，如失业、升学失利等。

情景性危机：指当事人生活中所发生的异乎寻常的事件，对这样的事件当事人不能以任何方式加以遇见和控制，如突遭大病、亲人亡故、绑架等。

生存性危机：指由于目的、责任、自由等重大的人性状况而引起的内心的冲突和焦虑。如人到晚年终于认识到自己的一辈子碌碌无为，虚度了一生。

环境性危机：当自然的和人为造成的灾难降临到某一个人或某一群体人身上时，这个人或这一群人因身陷其中，反过来又影响到其生活环境中所有的其他人。这样的环境性危机有火灾、台风、山体滑坡等自然灾害和战争、流行病爆发等。

3. 心理危机干预

心理危机干预指对处在心理危机状态下的个人采取明确有效的措施，使之最终战胜危机，重新适应生活。心理危机干预的主要目的有二：一是避免自伤或伤及他人；二是恢复心理平衡与动力。很多研究和实例证明，心理危机干预可起到缓解痛苦、调节情绪、塑造社会认知、调整社会关系、整合人际系统、鼓舞士气、引导正确态度、矫正社会行为等作用。心理危机干预的详细内容我们将在第三章中有更加详细的分析和总结。

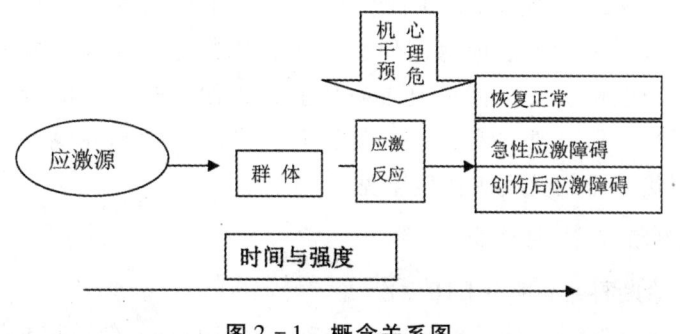

图 2-1　概念关系图

二、应激障碍的概述

应激源是应激障碍发生的外在的因素，而个体的内在因素：生活事件和生活处境、社会文化特点、个体人格特点、教育程度、智力水平、生活态度、信念及当时的躯体功能状况等又决定了当事人的临床表现和其后的恢复状态。我们对国内 12 个地区精神疾病速行病学调查（1982）表明，反应性精神病总患病率为 0.68‰，现患病率为 0.08‰。以青壮年发病多见，男女性别相近．但国外研究表明女性多于男性。现介绍临床上常见的几种情况。

（一）急性应激障碍

急性应激障碍常在强烈的精神刺激之后数分钟至数小时后发病，大多历时短暂，可在几天至一周内恢复，愈后良好，一般在一个月内未缓解者，不做此诊断。

1. 核心症状

（1）意识障碍，精神运动性兴奋与抑制等多种症状。有意识障碍者可见注意力集中困难、定向障碍，注意狭窄，言语缺乏条理，自发言语，动作杂乱、无目的性，对周围感知不真实，出现人格和现实解体，偶见冲动行为，事后部分遗忘。

（2）不协调的精神运动性兴奋，激越，喊叫，乱动或情感爆发，话多，内容常涉及心因与个人经历。部分病人表现为运动性抑制，情感迟钝、麻木，行为退缩，少语少动，亚木僵状态。

（3）大部分病人表现为创伤性经历常因想象、焦虑、梦境、触景生情等多种途径引发个体反复重新体验，闪回，触景生情引发个体对痛苦的回忆。病人常伴有失眠、易激惹、高度警觉和惊跳反应、运动不安等症状，而幻觉妄想比较罕见。

2. 诊断与鉴别诊断

国际诊断标准——ICD10 - E

目前的最新版本是世界卫生组织 2007 年颁布的《疾病和有关健康

问题的国际统计分类第 10 版修订本》，急性应激障碍称为"急性应激反应"，其定义及诊断标准如下：

（1）定义：急性应激反应为一过性障碍，作为对严重躯体或精神应激的反应发生于无其他明显精神障碍的个体，常在几小时或几天内消退。应激源可以是势不可挡的创伤体验。

并非所有面临异乎寻常应激的人都出现障碍，这就表明个体易感性和应付能力在急性应激反应的发生及表现的严重程度方面有一定作用。症状有很大变异性，但典型表现是最初出现"茫然"状态，表现为意识范围局限、注意狭窄、不能领会外在刺激、定向错误，紧接着，是对周围环境进一步退缩（可达到分离性木僵的程度），或者是激越性活动过多（逃跑反应或神游）。常存在惊恐性焦虑的自主神经症状（心动过速、出汗、面赤）。症状一般在受到应激性刺激或事件的影响后几分钟内出现，并在 2~3 天内消失（常在几小时内），并伴有部分或完全的遗忘症状。

（2）诊断要点：异乎寻常的应激源的影响与症状的出现之间必须有明确的时间上的联系。症状即使没有立刻出现，一般也在几分钟之内。此外症状还应包括：①表现为混合性，且常常是有变化的临床相，除了初始阶段的"茫然"状态外，还可有抑郁、焦虑、愤怒、绝望、活动过度、退缩，且没有任何一类症状持续占优势；②如果应激性环境消除，症状迅速缓解；如果应激持续存在或具有不可逆转性，症状一般在 24~48 小时开始减轻，并且大约在 3 天后变得十分轻微。本诊断不包括那些已符合其他精神科障碍标准的患者所出现的症状突然恶化的情况。但是，既往有精神科障碍的病史不影响这一诊断的使用，包含急性危机反应、战场疲劳、危机状态、精神休克。

中国诊断标准——《中国精神障碍分类与诊断标准第 3 版》（CCMD-3）：

CCMD-3 关于急性应激障碍的诊断标准如下：以急剧、严重的精神打击作为直接原因，在受刺激后 1 小时之内发病；表现有强烈恐惧体验的精神运动性兴奋，行为有一定的盲目性；或者为精神运动性抑制，甚至木僵。如果应激源被消除，症状往往历时短暂，愈后良好，完全缓解。

（1）症状标准：以异乎寻常和严重的精神刺激为原因，并至少有下列 1 项：①有强烈恐惧体验的精神运动性兴奋，行为有一定盲目性；②有情感迟钝的精神运动性抑制（如反应性木僵），有轻度意识模糊。

（2）严重标准：社会功能严重受损。

（3）病程标准：在受刺激后若干分钟至若干小时发病，病程短暂，一般持续数小时至 1 周，通常在 1 个月内缓解。灾难发生后 24～48 小时是理想的干预时间。事件发生后 24 小时内不进行心理危机干预。

（二）创伤后应激障碍

创伤后应激障碍指对创伤等严重应激因素的一种异常心理反应，它是一种延迟性、持续性的身心反应，是由于受到异乎寻常的威胁性、灾难性心理创伤，导致延迟出现和长期持续的心理生理障碍。

PTSD 应激源往往具有非常惊恐或灾难性质，如火灾、残酷的战争、洪水、地震等，常引起个体极度恐惧、害怕、无助之感。事件本身的严重程度，暴露于这种精神创伤性情境的时间，接触或接近生命威胁情境的密切程度，人格特征、个人经历、社会支持、躯体心理素质等是影响病程迁延的因素。

1. 核心症状

（1）反复重现创伤性体验：可表现为控制不住地回想受创伤的经历，反复出现创伤性内容的噩梦，反复发生错觉或幻觉或幻想形式的创伤性事件重演的生动体验（症状闪回），当面临类似情绪或目睹死者遗物，旧地重游，纪念日时，又产生"触景生情"式的精神痛苦。

（2）持续性的警觉性增高：表现为难以入睡或易惊醒，注意力集中困难。激惹性增高，过分的心惊肉跳，坐立不安，遇到与创伤事件多少有些相似的场合或事件时，产生明显的生理反应，如心跳加快、出汗、面色苍白等。

（3）持续回避：在创伤性事件后，患者对与创伤有关的事物采取持续回避的态度。回避的内容不仅包括具体的场景，还包括有关的想法、感受和话题。

2. 诊断与鉴别诊断

ICD-10 第二次修订版（2005）中，PTSD 的诊断标准：

诊断要点：本障碍的诊断不能过宽。必须有证据表明它发生在极其严重的创伤性事件后的 6 个月内。但是如果临床表现典型，又无其他适宜诊断（如焦虑或强迫障碍，或抑郁）可供选择，即使事件与起病的间隔超过 6 个月，给予"可能"诊断也是可行的。除了有创伤的依据外，还必须有在白天的想象里或睡梦中存在反复的、闯入性的回忆或重演。常有明显的情感疏远、麻木感，以及回避可能唤起创伤回忆的刺激。但这些都非诊断所必需。自主神经紊乱、心境障碍、行为异常均有助于诊断。但亦非要素。迟发的灾难性应激的慢性后遗效应，即应激性事件过后几十年才表现出来。

CCMD-3（2001）中，PTSD 的诊断标准：

异乎寻常的威胁性或灾难性心理创伤，导致延迟出现和长期持续的精神障碍，主要表现为以下 5 点。

（1）反复发生闯入性的创伤性体验重现、梦境，或因面临与刺激相似或有关的境遇，而感到痛苦和不由自主地反复回想。

（2）持续的警觉性增高。

（3）持续的回避。

（4）对创伤性经历的选择性遗忘。

（5）对未来失去信心。

症状标准如下。

（1）遭受对每个人来说都是异乎寻常的创伤性事件或处境（如天灾人祸）。

（2）反复重现创伤性体验（病理性重现），并至少有下列 1 项：①不自主回想受打击的经历；②反复出现有创伤性内容的噩梦；③反复发生错觉、幻觉；④反复触景生情的精神痛苦，如目睹死者衣物、旧地重游或周年日等情况下感到异常痛苦和产生明显生理反应，如心悸、出汗、面色苍白。

（3）持续的警觉性增高，至少有下列 1 项：①入睡困难或睡眠不深；②易激惹；③难以集中注意力；④过分担惊受怕。

（4）对与刺激相似或有关的情境的回避，至少有下列 2 项：①极力不想有关创伤经历的人与事；②避免参加能引起痛苦回忆的活动；③不愿与人交往，对亲人变得冷淡；④兴趣爱好范围变窄，但对与创伤无关的某些活动仍有兴趣；⑤选择性遗忘；⑥对未来失去希望。

严重标准：社会功能受损。

病程标准：精神障碍延迟发生（即在遭受创伤后数日至数月后，罕见延迟半年以上才发生），符合症状标准至少已3个月。

排除标准：排除情感性精神障碍、其他应激障碍、神经症、躯体形式障碍。

（三）急性应激障碍与创伤后应激障碍的区别

没有哪一种灾难能像心理创伤那样给人们带来持续而深刻的痛苦。强烈的创伤事件或大灾难的突然袭击，使人们赖以生存的基本物质与精神条件在瞬间消失，人的心理急剧恶化，情感剧烈震荡，从而出现一系列情绪和情感波动，具体表现为：

情绪上：恐惧、悲哀、焦虑、抑郁、无力等不良反应等；

意识的：反复做类似的噩梦，不断闪现经历的痛苦场景等；

行为的：回避与创伤事件有关的想法、对话和情感等；

上述种种不良应激状况：我们称之为"创伤后应激障碍"。

创伤后应激障碍可分两种：一种是暂时性的，即一次性的冲击体验，症状在几天至几周内可减轻或消失，康复的可能性大，称为"急性应激障碍"（Acute Stress Disorder，ASD）；另一种是慢性的，症状往往持续一个月以上，并容易转化成抑郁症、焦虑症、妄想反应等心理疾患，称为"创伤后应激障碍"（Post—Traumatic Stress Disorder，PTSD）。

表2-1 急性应激障碍（ASD）与创伤后应激障碍（PTSD）的区别

急性应激障碍（ASD）	创伤后应激障碍（PTSD）
持续时间未满1个月自动消失 康复可能性大 是当时的一次性冲击体验 起初是正常压力反应，并有过渡期	持续时间超过1个月以上 转化为心理障碍或疾患 冲击前、中、后的个人因素（社会、环境）的综合 时间持续较久，压力和痛苦仍存在，或有增有减

后应激障碍在时间的经过上有明显区别，但也有着内在关联，以

一个月为基准,急性应激障碍可以消失、康复,但也可以过渡到精神创伤。这一过渡期发展请看下图:

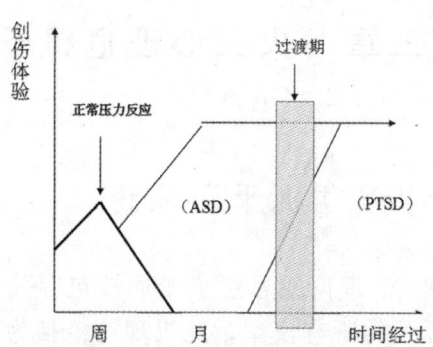

图2-2 急性应激障碍(ASD)与创伤后应激障碍(PTSD)的区分图

从图2-2可以看出,不仅急性应激障碍与创伤后应激障碍有严格区分,而且创伤事件后的"正常压力反应"与"急性应激障碍"也有严格区别。从目前这一领域的研究现状来看,创伤后应激障碍的解释有扩大化倾向,往往在创伤事件后就立即诊断为精神创伤,这是不符合诊断标准和科学性的。

急性应激障碍发展到精神创伤,与个人、社会环境和创伤事件的严重性有着密切关系,精神创伤的构成不仅要看当时事件的冲击大小,还要看个人的心理素质、人格的健康度以及社会的支持和援助力度,这些因素在很大程度上左右着精神创伤的发病率。

第三章 火灾心理危机干预

一、火灾心理危机干预理论

没有哪一种单一的理论或思想流派能够包容关于人类危机的全部观点或关于危机干预的所有模型,危机理论概括为三个层次:基本的危机理论、扩展的危机理论、危机干预模型理论。

(一)基本危机理论

代表人物林德曼,主要关注的是因丧失亲人而导致的悲伤这一特殊形式的危机反应的即时解决。几乎所有人都会在某些时候经历心理创伤。无论是压力还是创伤的紧急状态,它们本身都不构成危机。只有当创伤事件在主观上被体验为是对需要满足、安全及人生意义的威胁时,当事人才会进入危机状态(Caplan,1964)。危机既伴随暂时的失衡,又包含着成长的契机。危机的解决将导致积极的和建设性的结果,如应对能力的不断提高和消极、自我挫败及功能失调行为的不断减少。

林德曼提出因悲伤而引起的危机,其行为反应是正常的、暂时的,可以通过短程的干预技术而得到缓解,这些"正常的"悲伤行为包括:①总是不由自主地想起已故亲人;②将自己当作已故亲人;③出现内疚和敌意的种种表现;④日常生活表现出一定程度的紊乱;⑤有某些躯体化疾病症状的出现。林德曼否定了当时流行的一种看法,即出现出危机反应的人应当被当做心理异常患者来加以治疗。

(二)扩展的危机理论

扩展的危机理论之所以被提出,是因为关于危机的基本理论仅仅依赖于单一的精神分析观点,因而不足以说明所有那些使一个事件转化为危机的社会的、环境的及情境的因素。随着危机理论及干预概念的含义的扩展,人们已清楚地认识到,将个人先天素质视为导致危机的主要或唯一的因素是远远不够的。随着危机理论及干预实践的不断成熟,现已清楚,任何一个人在发展的、社会的、心理的、环境的、情境的等决定因素适当配合的共同作用下,都有可能陷入暂时的病理状态。所以,扩展的危机理论就不仅仅依赖于精神分析理论,而且也从一般系统理论、适应理论、人际关系理论及混沌理论中汲取有用的成分。下面概要介绍扩展观的主要理论成分,详见表3-1。

表3-1 扩展的危机理论汇总表

名称	内容简介
精神分析理论	危机的失衡状态可以通过当事人的潜意识思想及其过去的情绪体验而得到理解。精神分析理论假定,童年期的经历是决定某一事件是否会演化为危机的主要原因。这一理论可以帮助危机当事人洞察他们行为的内在动力和原因
系统论	系统论更加强调的不是危机当事人的内部反应,而是人与人之间以及人与事之间的相互关系、相互影响。这个理论"意指一个情绪系统、一个沟通系统、一个需求满足的系统",密切相关的每一个因素都有可能对其他因素产生影响,也有可能受到其他任何因素的影响
适应理论	适应理论将危机理解为由当事人各种适应不良的行为、消极的思想及破坏性的防御机制构成,并因此认为,当这些适应不良的行为经矫正并被适应行为取代之后,当事人的危机也就会消退。 打破适应不良的心理活动,实际上也就意味着向适应性行为的转变,在危机干预工作者的帮助下,危机当事人可以学会用新的、自我增强的行为方式来代替原有的、适应不良的行为方式。这种新的、自我增强的行为方式可以直接运用到危机干预中,并最终将导致危机的成功解决,或是强化当事人解决危机的信心
人际关系理论	人际关系理论的要义在于,如果危机当事人相信自己又相信他人,并对自我实现和战胜危机充满信心,那么他的危机状态就不可能长时间地持续下去
混沌理论	混沌作为一个自组织系统,颇类似于一种进化理论,它之所以是进化的,就是因为它是一个完全开放、永远变化的"自组织系统",从中可以生成一个新的系统。一个混沌情境比如危机情境,当有相当数量的人开始认识到,他们无法识别所面对的困境或是没有一个现成的方案来应对眼前的困境时,它就会演化成一个"自组织的"模式

续表

名称	内容简介
折中的危机干预理论	折中的危机干预自觉而系统地从现有各种危机干预方法中汲取有用的概念和策略，并对它们加以整合，以更有效地帮助危机当事人。所谓"折中主义"就是对各种现存方法的混合使用，它主要以危机干预的实际工作为导向，而不关注理论概念的探讨。它的主要任务是：（1）对所有危机干预体系中的有效成分加以分析，并将它们整合为一个具有内部一致性的整体，以包容全部需要解释的行为资料；（2）依据最新知识进展，对各种相关的理论、方法、标准等进行分析，以形成一个综合模式，适合对全部临床资料加以评估；（3）不囿于任何特殊的理论，保持开放的理论态度，并坚持对各种导致成功结果的理论和策略进行实验检验。 折中理论将以下两个普遍的主题融合在一起：（1）所有的人和所有的危机都各有特色而互相不同；（2）所有的人和所有的危机都是类似的。我们认为，这两个主题其实并不互相排斥

（三）危机干预模型理论

雷特纳（Leitner，1974）和贝尔金（Belkin，1984）都提到危机干预的三个基本模型，即平衡模型、认知模型、心理－社会交互模型。

表 3－2　危机干预模型理论汇总表

名称	内容简介
平衡模型	衡模型实际上应该称为平衡/失衡模型（equilibrium/disequilibrium model）。当人们处于危机中时，他们实际上是处于一种心理的或情绪的失衡状态，在这种状态中，通常的应对机制和问题解决方法失去了效用，而不能满足他们的需要。平衡模型的目的就在于帮助人们恢复到危机前的平衡状态（Caplan，1961）。 平衡模型最适合早期干预，干预工作的重点应主要放在稳定当事人的情绪上。在当事人的情绪重新恢复到相当程度的稳定性之前，干预工作不能也不应该采取任何进一步的措施
认知模型	危机干预的认知模型以这样一个认识为前提，即危机源于当事人关于与危机相伴而生的诸事件或情境的错误思维，而不是源于这些事件或情境本身。这一模型的目标是帮助危机当事人认清危机事件或危机情境，并改变他们对危机事件或危机情境的观点和信念。它的基本原理是，人可以通过改变其思维方式而对自己生活中的危机加以控制，特别是通过认识到并反思自己思维中非理性的及自我挫败的成分，同时又保持并集中注意于自己思维中理性的及自我增强的成分

续表

名称	内容简介
心理－社会交互模型	心理－社会交互模型认为，人是其遗传基因与在特定社会环境中的学习经验共同作用的产物。由于人总是处于不断地变化、发展及成长的过程中，而且他们的社会环境及社会影响也是在连续不断地发生着变化，所以危机既可能与内部因素如心理困境有关，也有可能与外部因素如社会及环境困境有关。危机干预的目标既在于帮助当事人分别评估内部因素和外部因素各自对危机的影响程度，也在于帮助他们适当调整目前的行为、态度等，并充分利用各种环境资源。从当事人的角度来说，他们需要适当地整合内部应对机制、社会支持、环境资源等，以获得对生活的自主控制能力。 心理－社会交互模型不认为危机只是单纯的内部状态。在危机干预中，它还要考虑个体以外的哪些系统需要改变才能解决危机。影响当事人心理适应性的外部因素包括同伴、家庭、职业、宗教、社区等，但决不限于这些。对于某些特殊类型的危机问题，除非影响当事人的社会系统也得到改变，或者当事人对影响危机情景各系统的动力过程有所理解并与之相适应，否则危机不可能得到稳定的解决

二、心理危机干预的基本原则

（1）心理危机干预的目的是利用问题解决的技巧来提高当事人应对困难的能力。

（2）干预以具体而适用的问题领域为目标，火灾后心理危机干预将情绪、认知、行为作为问题的领域。

（3）通过积极聚焦技术将当事人的注意力集中在具体的问题领域。

（4）治疗首要应集中在当事人的情绪冲突。这些情绪冲突通过检索出他们的情景参照物并将注意集中在情景参照物而得到解决。

（5）促发事件被认为对问题情境的动力学非常重要。

（6）矫正当事人的性格特质和人格结构不在危机干预的目标范畴。

（7）对治疗过程而言，当事人对干预者产生移情现象通常不被认为是很重要的，只要这种移情不构成对干预的阻力即可。

（8）治疗主要以相关的背景信息为基础，背景信息包括当事人的人格，自我功能及社会文化功能等方面。

心理危机干预的基本原则是危机理论和危机干预实践之间的联系桥梁，这为心理学原理在临床实践提供了基础。

三、火灾心理危机干预模型

心理危机干预的基本原则除了起到联系理论与实践间的桥梁作用外，其也为简要介绍各种危机干预模型奠定了基础。

平衡模型

平衡模型实际上应该称为平衡/失衡模型（equilibrium/disequilibrium model）。当人们处于危机中时，他们实际上是处于一种心理的或情绪的失衡状态，在这种状态中，通常的应对机制和问题解决方法失去了效用，而不能满足他们的需要。平衡模型的目的就在于帮助人们恢复到危机前的平衡状态。

平衡模型最适合早期干预，那时，当事人完全失去了控制，对危机情境不知所措，而且也不能作出恰当的选择。直到当事人在一定程度上重新恢复应对能力之前，干预工作的重点应主要放在稳定当事人的情绪上。在当事人的情绪重新恢复到相当程度的稳定性之前，干预工作不能也不应该采取任何进一步的措施。例如，一位在火灾中致残的20岁当事人，巨大的痛苦让其产生了自杀的冲动，此时危机干预的首要任务就是让他的情绪稳定下来，让其接受相信"好死不如赖活"的这条现实理念，而在这条理念没被接受之前去挖掘导致自杀的深层原因的不合理认知是不会有结果的。因此，平衡模型是危机干预模型中最基础、最常使用的一个模型。

认知模型

危机干预的认知模型以这样一个认识为前提，即危机源于当事人关于与危机相伴而生的诸事件或情境的错误思维，而不是源于这些事件或情境本身（Ellis，1962）。这一模型的目标是帮助危机当事人认清危机事件或危机情境，并改变他们对危机事件或危机情境的观点和信念。它的基本原理是，人可以通过改变其思维方式而对自己生活中的危机加以控制，特别是通过认识到并反思自己思维中非理性的及自我挫败的成分，同时又保持并集中注意于自己思维中理性的及自我增强的成分。

处在危机中的人关于危机情境给自己暗示的信息倾向于消极和歪曲。他们暗示给自己的信息往往与危机情境的实际情况大相径庭。持续而折磨人的两难困境往往使人身心衰竭，进而使他们的内部感知状态越来越趋向于消极的自言自语，直到使整个认知状态很消极，乃至于任何人都无法使他们相信。随着这种消极认知的发展，他们的行为也趋向于消极化，从而陷入一种恶性循环，走上自我实现预期的轨道，最终真的导致危机情境没有解决的希望。在危机进程的这个阶段，危机干预工作的主要任务就是改变当事人的思维方式，使之朝向一个积极的良性循环过渡，并使其反复思考关于危机情境的积极的思想，直到这些积极的思想将原先那些旧的、消极的、具有破坏性的思想完全排挤出去。危机干预的认知模型最适合于危机进程的中期，当危机当事人的情绪基本稳定下来，并接近于危机前的稳定状态。这种干预模型的基本内容在很多治疗方法和技术中都有所体现，如大名鼎鼎的合理情绪疗法、贝克的认知系统疗法等。

心理-社会交互模型

心理-社会交互模型（psychosocial transition model）认为，人是遗传与在特定社会环境中的学习经验共同作用的产物。由于人总是处于不断地变化、发展及成长的过程中，而且他们的社会环境及社会影响也是在连续不断地发生着变化（Dorn，1986），所以危机既可能与内部因素如心理困境有关，也有可能与外部因素如社会及环境困境有关。危机干预的目标既在于帮助当事人分别评估内部因素和外部因素各自对危机的影响程度，也在于帮助他们适当调整目前的行为、态度等，并充分利用各种环境资源。从当事人的角度来说，他们需要迅速当地整合内部应对机制、社会支持、环境资源等，以获得对生活的自主控制能力。

心理-社会交互模型不认为危机只是单纯的内部状态。在危机干预中，它还要考虑个体以外的哪些系统需要改变才能解决危机。影响当事人心理适应性的外部因素包括同伴、家庭、职业、宗教、社区等，但决不限于这些。对于某些特殊类型的危机问题，除非影响当事人的社会系统也得到改变，或者当事人对影响危机情境各系统的动力过程有所理解并与之相适应,否则,危机不可能得到稳定的解决。和认知模型一样,心理-社会交互模型也只有在当事人的情绪在相当程度上稳定下来之后才能适用。不同的理论家各自对这个模型作出了贡献,如埃里克森等。

四、火灾心理危机干预程序和技术规范

总体工作模式:这是在政府部署和统一领导、指挥下实施的一项政府行为,这种行为是有组织的、多系统、多部门通力合作的、职责分明的、有规范技术要求的。按照各级政府制定的突发公共危机事件应急预案的要求,心理危机干预与生命救援一样要在主管部门的统一指挥下开展工作。在火灾事故中,有经验的心理干预工作人员经过专业的、科学的心理危机干预技术培训,可以加入心理危机干预团队,直接进入现场进行干预工作,也可以借助电话、网络等手段,提供专业的心理援助。

(一) 火灾心理危机干预程序

本研究实行的危机干预策略都是以以下六步骤模型为核心而展开的,这一系列的设计构成一个完整的解决问题的程序,见图3-1。

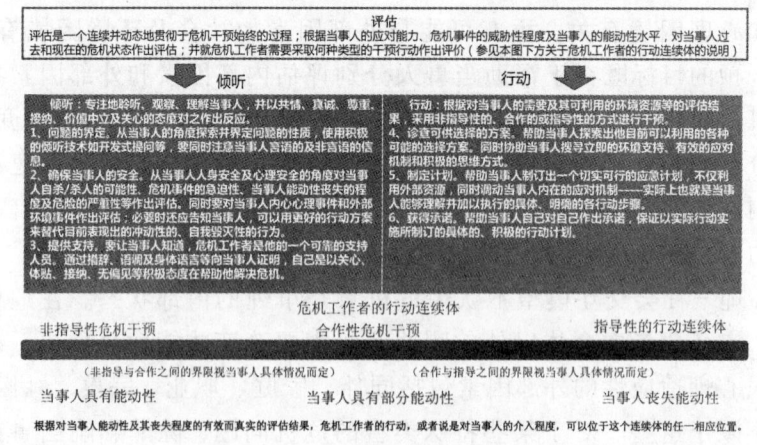

图3-1 火灾危机干预操作程序

1. 评估

评估是贯穿于危机干预全过程的一个策略或方法，它以行动为导向，以情境为基础。这种危机干预方法是我们最为推崇的，它有利于推动由危机工作者主导的各种技能的系统运用。对这些技能的运用应该是一个连续的、灵活的过程，而不应该机械、僵化。整个六步骤过程的施行应以危机工作者的评估为背景。在这六个步骤中，前三个步骤主要是倾听活动，而不是实际的干预行动，它们是：（1）明确问题；（2）确保当事人的安全；（3）提供支持；（4）诊察可资利用的应对方案；（5）制订计划；（6）获得承诺。后三个步骤主要是危机干预工作者实际采取的行动，倾听活动贯穿于评估的全过程并因而也贯穿于这后三个步骤。

2. 倾听

步骤1、2、3主要是些倾听活动。

步骤1：明确问题

火灾危机干预的第一步，是要从当事人的角度明确并理解所面临的问题是什么。危机干预工作者必须以与危机当事人同样的方式来感知或理解危机情境，建议在危机干预的起步阶段，干预工作者应采用倾听技术，以了解当事人的危机是什么：共情、真诚、接纳或积极关注等技术必将极大地提高危机干预的第一个阶段的工作能力。

步骤2：确保当事人的安全

火灾危机干预者必须自始至终将确保当事人的安全放在全部干预工作的首要位置，这是毋庸置疑的。所谓确保当事人的安全，简单地说就是将当事人无论在身体上还是在心理上对自己或他人造成危险的可能性降到最低。虽然在这个模型中我们将确保当事人安全放在第二步，但如前所述每一个步骤的运用都是灵活的，这也就意味着安全问题在整个危机干预过程中都处于首要的考虑。对安全问题进行评估并确保当事人及他人的安全是危机干预工作中最紧要的，不管怎么强调都不过分。

步骤3：提供支持

火灾危机干预的第三个步骤所强调的是，一定要让危机当事人相信,他的事情就是危机干预工作者的事情。在第三个步骤中,向当事人提供支持的就是干预工作者。这就意味着干预工作者必须能以一种无条件的、积极的方式接纳所有的当事人,不管当事人是否将会对他们有所回报。真正能给当事人以支持的干预者才能接纳当事人,并尊重当事人作为人的价值,而其他人未必能对当事人做到这一点。

3. 行动

步骤4、步骤5、步骤6主要包括一些实际的行动策略。

步骤4:诊察可资利用的应对方案

火灾危机干预的第四个步骤是探查出各种可供当事人选择和利用的应对方案。在严重受创而失去能动性时,危机当事人往往不能充分分析他们最好的选择方案,有些当事人实际上认为他们的境况无可救药了。可供选择的应对方案可以从以下三个角度来寻找:(1)情境的支持,实际上就是当事人过去和现在所认识的人,他们可能会关心当事人到底发生了什么;(2)应对机制,实际上就是当事人可以用来摆脱当前危机困境的各种行动、行为方式或环境资源;(3)当事人自己的积极的、建设性的思维方式,实际上就是当事人重新思考或审视危机情境及其问题,这或许会改变当事人对问题的看法,并减缓他的压力和焦虑程度。火灾干预工作者可能会想出无数适合当事人的应对方案,但只需与当事人讨论其中少数几种,根据具体情境选择可行的方案。

步骤5:制订计划

危机干预的第五个步骤,即制订计划,是第四个步骤的自然延伸。本研究大部分方案直接或间接来源于干预工作者与当事人共同协商,其中方案包括以下几个方面:(1)确定出其他的个人及组织团体等,应该随时可以请求他们过来提供支持帮助;(2)提供应对机制,这里所谓应对机制应该是当事人能够立即着手进行的某些具体的、积极的事情,是当事人能够掌握并理解的具体而确定的行动步骤。这个计划应着眼于当事人危机情境的全局以求获得系统的问题解决,并对当事人的应对能力而言是切实可行的。虽然在危机进程的某些特殊时刻,干预者可以是高度指导性的,但计划的制订必须与当事人共同讨论、合作完成，这样才能让当事人感觉这是他自己的计划，因而更愿意去执行这个计划。在制订计划时，一定要向当事人解释清楚在计划执行过程中可能会发生什么，并获得当事人的同意，这是非常重要的。在计划的酝酿与制订中，不要让当事人觉得他们的权力、独立性以及自尊被剥夺了。计划制订中两个核心的问题是当事人的控制力和自主性，因为，之所以让当事人去执行这个计划，就是为了帮助他由此重新获得对生活的控制感并重获信心，相信他没有因危机而变得依赖于支持者，如危机干预工作者等。

步骤6：获得承诺

第六个步骤是第五个步骤的自然延伸，而且，步骤5中的两个核心问题，即控制力和自主性，同样也是步骤6的核心问题。

如果第五个步骤即制订计划完成得比较好，第六个步骤即获得当事人对计划的承诺也就较为顺利。通常情况下，步骤6比较简单，只是要求当事人复述一下计划即可，其目的是让当事人承诺，一定会采取一个或若干个具体、积极、有意设计的行动步骤，从而使他恢复到危机前的平衡状态。危机工作者要注意，在结束一个干预疗程之前，一定要从当事人那里获得诚实的、直接的、恰当的承诺保证。在随后的干预疗程中：危机工作者要跟踪当事人的进展，并对当事人作出必要而恰当的反馈报告。对步骤6而言，前述核心倾听技术同样是极为重要的，其重要性不亚于在步骤1之中所提到的内容。

（二）火灾心理危机干预技术规范

因为不同被试案例是由课题组不同成员在其特定的干预背景中实施干预的，为了使得不同被试案例能在同一前提下进行对比研究，课题组对工作过程中的火灾心理危机干预技术进行了统一的规范，具体内容如下。

在与危机当事人初步接触时，危机工作者首先必须尽可能快地对危机的严重程度作出评估，这是极端重要的。一般来说，危机工作者不可能有时间进行全面的诊断或是对当事人生活史进行深度了解。所以我们在这里提供一个快速评估程序，即三维评估体系（详见第三章第五节）作为获得特殊的危机情境的有关信息的一个快捷而有效的方法。三维评估体系可以帮助危机工作者快速判断危机当事人在情感、行为及认知等领域的当下功能状态。危机的严重程度必将影响当事人的能动性，从而有助于干预者作出判断，应在多大程度上采取指导性干预措施。当事人已经置身于危机之中的时间长短决定着危机工作者还剩下多少时间来安全地解决危机。危机总是有时程限度的，也就是说，急性危机发作一般只持续几天的时间，随后便发生某种变化——或者得到改善，或者变得更加糟糕。危机严重程度的评估基于两个方面，即当事人的主观感受和干预者的客观判断。干预者的客观评估基于对当事人在以下三个领域的功能活动状态的评价，即情感活动（包括感受和情绪）、行为活动（行动或心理-运动性活动）、认知活动（思维方式等），我们将这三个方面简称为评估之 ABC。

A. 情感状态。情感的异常或遭到破坏是当事人进入失衡状态的最初表征。情感异常或可以表现为过于激动而失去控制，或可以表现为过于退缩而不愿见人。通常情况下，干预工作者可以通过帮助当事人以适当而现实的方式表达自己的感受来恢复情感的自控能力。在这方面，干预工作者需要注意以下几个问题。

第一，当事人的情感反应是否表明他试图否认危机情境的存在或试图回避卷入其中；

第二，相对于危机情境，他的情感反应的性质是否合乎逻辑；

第三，当事人的情绪状态在多大程度上由别人引起或因受别人的影响而被夸张了；

第四，在某一特定情境中，是否人们都典型地表现出当事人的这种情感反应。

B. 行为功能。危机干预工作者一般都非常注意当事人的所作所为：做了些什么、是否主动采取了某些行动步骤、行为方式如何等。干预工作者可以向当事人询问以下问题以促使他积极地采取建设性的行动方案："过去，在类似的情况中，哪些行动有助于你重新获得了对事情的控制力？现在，你必须做些什么才能对事态加以控制？是否有些什么人，假如你现在跟他们联系，他们对于你度过这场危机具有支持意义？"失去主观能动性，其问题的实质就是失去了对事态的控制力。一旦当事人行动了起来，做些具体的事情，这就是向积极的方向迈出了第一步,也就多少恢复了对事态的控制力,并在一定程度上恢复了主观能动性,并营造了不断向前进步的氛围。

C. 认知状态。干预工作者对当事人思维方式的评估有助于回答一系列的重要问题:

第一,当事人关于危机的认识,其真实性和合理性如何;

第二,当事人在多大程度上是在进行合理化或夸大化的解释;

第三,抑或当事人相信是某些部分的事实促发了危机的发生;

第四,当事人进行危机思考已有多长时间了;

第五,当事人改变关于危机情境的信念并以更积极、更冷静、更合理的方式重新理解危机情境的可能性有多大。

在总体的评估测评体系建立之后,针对不同的个体特点和测评重点的不同再选择不同的心理测评技术和问卷。如创伤后应激障碍症状清单(PCL-C)、事件冲击量表(IES);主要针对情绪和情感方面的问卷如焦虑自评量表(SAS)、抑郁自评量表(SDS)等;针对行为认知方面的问卷等社会支持评定量表(SSRS)、简易应对方式问卷(SCSQ)等,更加具体的评估方法和工具我们将在接下来的章节继续讨论。

五、应激与心理危机的评估方法

(一)创伤后应激障碍症状清单17项版本(PCL-C)

根据 DSM-IV 中有关 PTSD 诊断标准制定,是国际公认的具有良好信度和效度的 PTSD 筛查问卷,专门用于评估人们在突发灾难事件中遭遇创伤后的体验而设计。问卷内容共有17项症状,包括闯入性症状,回避症状和警觉性增高症状三大组,每项症状的严重程度按1~5级评分,1=没有发生,2=轻度,3=中度,4=重度,5=极重度,总分范围17~85分,可分为再体验、回避/麻木和高警觉3个分量表,总分和各因子分作为心理健康水平的指标。基评分越高表示个体心理状况受应激影响程度越大,PTSD 发生的可能性越大,当受试者总分≥50分,则诊断为 PTSD 的可能性较大,为筛查阳性。PCL-C 主要是评定被调查者有无创伤后应激症状,不仅可以筛查现有的 PTSD 患者,而且可以对以后是否发生 PTSD 进行预测。所以虽然患者根据诊断标准，PTSD 筛查应在灾难发生至少 1 个月后进行，但我们仍然主张应尽早进行筛查，以便及早发现需要心理干预的重点人群并提供有效的帮助，从而减少 PTSD 的发生。一个月后以 DSM－IV 对其进行 PTSD 诊断。

（二）事件冲击量表（IES）及其修改版（IES－R）

事件冲击量表（IES）是由美国心理学家 Horowitz, Wilmer 和 Alvarez 在 1979 年编写的。IES 主要是测量人在经历灾难后的两个主要反应：不由自主地回忆那些有关灾难的影像；有意地不去想或是谈他们所经历的灾难以及所有与此灾难有关的事务。1992 年，Joseph, Williams, Yule 和 Walker 等研究了一群经历过海难的成年英国人。他们发现还可能存在第三个反应，即情绪上的高唤醒（Arousal）。尽管 IES 依然拥有着广泛的用途，但第四版《精神疾病的统计与诊断手册》发行后，Weiss（1997）又根据手册上对创伤后应激障碍（PTSD）的阐述，对 IES 加上了 6 个测量情绪唤起某些闯入的影像和思想激发了人的焦虑和不安等项目，就形成了 22 个项目的 IES，并称为修改版的事件冲击量表（IES－R）。IES－R 的有效性和直接性使其在许多非英语国家的学术界得到了快速的发展。

（三）焦虑自评量表（SAS）

焦虑自评量表共有 20 个条目，按 1~4 分的 4 级评分的自评量表，累计各条目分为总粗分，再将总粗分乘以 1.25 取整数换算成标准分，以全 50 分为界值，评估有无焦虑症状。

（四）抑郁自评量表（SDS）

抑郁自评量表共有 20 个条目，按 1~4 分的 4 级评分的自评量表，累计各条目分为总粗分，再将总粗分乘以 1.25 取整数换算成标准分，以全 53 分为界值，评估有无抑郁症状。

（五）生活质量综合评定问卷（GQOLI）

该问卷包括物质生活、躯体功能、心理功能、社会功能 4 个维度，

16个因子共64个条目，每个因子包括客观指标与主观指标两类。

（六）社会功能缺陷筛选量表（SDSS）

社会功能缺陷筛选量表共10个项目，每项的评分为0~2分，0分为无缺陷，2分为严重的功能缺陷。分值越高，社会功能缺陷越严重。

（七）社会支持评定量表（SSRS）

社会支持评定量表包括客观支持、主观支持和对支持利用度三个维度及支持总分。该量表已在国内20多项研究中应用，具有较好的效度和信度。

（八）简易应对方式问卷（SCSQ）

简易应对方式问卷共20个条目，采用0~3级评分，包括积极应对和消极应对两个因子，统计每个因子所属条目的平均分得分越高，表明遇到挫折时相应采取的积极或消极应对行为越多。

（九）艾森克人格问卷（EPQ）

EPQ人格测试是英国心理学家艾森克教授编制的一个专用于人格测量的心理测验工具，对分析人格的特质或结构具有重要作用，属于标准化心理测验，由精神质（P）、情绪稳定性（N）、内外向（E）和效度量表（L）四个量表组成，代表三个个性维度，对个性特质和心理健康都能较好地测查，信度和效度都好，该测验能够较为全面地反映出一个人的个性特点。

六、火灾心理危机干预技术

心理危机干预是从心理、生物各个角度进行综合性危机管理，强调干预的多维性，干预的原则为综合应用干预技术，个体化地针对目前问题提供帮助。这些方法有的是较单一的技术，有的是成型的一整套工作方法，并且许多种方法有共同的核心理念，现将主要的技术和方法综述如下。

（一）心理急救（PFA）

1. 什么是心理急救

心理急救是一种以循证为依据的模块式干预方法，用以帮助减轻灾难性事件所导致的初期痛苦并促进其短期和长期的功能适应。它以幸存者的长处、优势或资源为出发点，结合其受教育水平，正常化其灾后的感受，帮助他重建社会支持，尽量避免给他贴上患有某一精神疾病的标签。

2. 心理急救的优点

心理急救，包括基本的信息收集技术，能帮助救援者迅速估计幸存者目前关注的事和他们的需要，并通过灵活的方式实施心理支持。

心理急救依赖于经过实地检验的、有证据支持的措施，这些措施适用于各种灾难环境。心理急救强调对不同年龄和社会背景的人，要采用适当干预的方式，强调循序渐进和尊重（不同）文化。心理急救包括分发资料，提供康复过程中的重要信息。

3. 心理急救的基本目的

（1）以不冒昧的、富有同情心的方式建立人与人的联系。

（2）加强即时和持续的安全性，提供身体和精神上的安慰。

（3）安抚和引导受到极大精神刺激的心神狂乱的幸存者。

（4）让幸存者对你说出他们目前的需要和担心的具体事情；用适当方式收集其他信息。

（5）提供实际的帮助和信息，帮助幸存者说出他们目前的需要和担心的事情。

（6）尽快使幸存者与社会支持网络建立联系，包括家庭成员、朋友、邻居和社会救助资源。

（7）促进幸存者提高适应力，认识到自己适应火灾的能力和优势，给他们力量；鼓励家庭成员在康复中扮演积极的角色。

（8）提供帮助幸存者积极处理火灾带来的精神影响的信息。

（9）清楚你的作用（在适当时候），为幸存者联系另外一个康复机构、精神健康服务、公共部门的服务和其他组织。

4. 提供心理急救的指南

（1）接触和参与。目标：倾听与理解。应答现场救援者，或者以非强迫性的、富于同情心的、助人的方式开始与现场救援者接触。首先礼貌地观察，不要贸然闯入他的精神领域中，然后问一些简单并尊重的话语以确定如何进行帮助。

（2）安全确认。目标：增进当前的和今后的安全感，提供实际的和情绪的放松。积极回应幸存者为寻求安全而做的努力。

（3）稳定情绪。目标：使在情绪上被压垮或定向力失调的现场救援者心理恢复平静。如果幸存者想要说话，作好倾听的准备。当倾听时，注意他们想要告诉你什么以及需要你如何帮助他们。

（4）释疑解惑。目标：镇静地说话，有耐心，有回应，感同身受。慢慢地说话，识别出立即需要给予关切和解释的问题，立即给予可能的解释和确认。

（5）实际协助。目标：为现场救援者提供实际的帮助，比如询问目前实际生活中还有什么困难，处理现实的需要和关切解决问题技术。用简单而具体的形式；不要使用缩略语或者专业术语。

（6）联系支持。目标：帮助现场救援者与主要的支持者或其他的支持来源，包括家庭成员、朋友、社区的帮助资源等建立短暂的或长期的联系。

（7）提供信息。目标：提供关于应激反应的信息、关于正确减少苦恼和适合其年龄水平的促进适应性功能的信息。

（8）联系其他服务部门。目标：帮助现场救援者联系目前需要的或者即将需要的那些可得到的服务，甄别处理。

5. 提供心理急救的专业行为要求

（1）得到相关救援组织和政府部门的认可。

（2）树立健康的干预者形象：镇静、有礼貌、有组织、乐于助人。

（3）与干预者建立良好的咨询服务关系，并能够随时联系上。

（4）适当地保守秘密。

（5）在你专业知识范围做指定的事。

（6）当幸存者所需超出你专业知识时，适当求助别人。

（7）了解并理解区域文化差异。

（8）注意自身心理和生理反应，照顾好自己。

6. 需要避免的一些行为

（1）不要对幸存者的经历或遭遇作出假设。

（2）不要认为每个暴露于灾难的人都会受到创伤。

（3）不要轻易认为是病。大多数严重反应在经历灾难后的人身上都是可以理解和可以想象的。不要把这些反应贴上诸如"症状""诊断""状态""病情"的标签。

（4）不要以高高在上或保护的心态对待幸存者，或者是过分关注他的无助感、弱点、错误或伤残，而应该关注他在灾难时和目前做了什么有效或者对他人有帮助的行为。

（5）不要过多询问事情的细节，不要认为所有幸存者都想讲述或者需要向你讲述。通常身体上支持和平静可以帮助幸存者感觉更安全，更有应对能力。

（6）不要推测或提供可能不准确的信息。如果你不能回答幸存者提出的问题，尽最大可能去了解事实。

（7）心理急救的目的是为了减少悲伤，满足其当前需要，以及提高其适应力，而不是引导他讲出创伤的经历和损失。

（二）心理晤谈（PD）/严重事件应激晤谈（CISD）

严重事件应激晤谈是通过半结构化的交谈来减轻压力的方法，采取个别或者集体、自愿参加的方式进行。通常的做法是将灾难中涉及的各类人员按照不同人群分组进行集体晤谈。在晤谈中，人们公开讨论内心的感受，在团体中获得支持和安慰，从而帮助参加者从认知和情感上消除创伤体验。已有的经验发现，急性期集体晤谈的理想时间是灾难发生后24～48小时之间，6周后效果甚微，而以重建为目的的晤谈可以在恢复期进行。通常在灾难事件发生后24小时内不进行集体晤谈。整个晤谈过程约需两小时。严重事件发生后数周或数月内进行随访。晤谈过程正常应该包括六个步骤，非常场合操作时可以把第二步、第三步、第四步合并进行。另外，晤谈操作中有一些重要的注意事项。(1) 处于抑郁状态的人若以消极方式看待参与晤谈的人，可能会给其他参加者增加负面影响。(2) 处于急性悲伤的人不适宜参加集体晤谈，如家中亲人去世者。受到高度创伤者可能给同一小组中的其他人带来更具灾难性的创伤。(3) 有时可以用文化仪式替代晤谈。(4) 不要强迫受辅者叙述灾难细节。(5) 受辅者晤谈结束，干预团队要组织队员进行团队晤谈，缓解干预人员的压力。

CISD 的目标：公开讨论内心感受，支持与安慰，资源动员，帮助当事人在心理上消化创伤体验。

CISD 的实施者：由受过训练的专业人员（如心理卫生工作者、精神卫生专业人员）实施；实施者必须要有团体心理辅导的经验，同时对应激反应综合征有广泛的了解。

CISD 的实施过程

第一期：介绍期。实施者进行自我介绍，介绍 CISD 的规则、程序及整个晤谈过程所需的时间，回答可能的相关问题。强调晤谈不是心理治疗，而是一种减少创伤性事件所致的正常应激反应的方法。详细解释保密原则。

第二期：事实期。实施者请每一位参加者依次描述事件发生时或发生之后他们自己及事件本身的一些实际情况；询问参加者在这些严重事件过程中的所在、所闻、所见和所为。目的是帮助每个人从自身的角度描述事件，每个人都有机会增加事件的细节，使事件得以完整地重现，然后参加者会感到整个事件由此而真相大白。实施者在操作过程中，要想办法打消参加者的疑虑，使每一位参加者都尽量发言，但是如果有的成员感觉在小组里讲话不舒服，也可以保持沉默。

第三期：感受期。实施者请参加者依次描述其对事件的认知反应、自己的应激反应综合征症状。询问有关危机事件发生时或发生后的感受、有何不寻常的体验，目前有何不寻常体验，事件发生后，生活有何改变，请参加者讨论其体验对家庭、工作和生活造成什么影响和改变。这一时期工作的目的是进一步接近情感的表达。

第四期：症状期。请参加者描述自己的急性应激反应的症状，如失眠、食欲不振、脑子不停地闪现事件的影子、注意力不集中。记忆力下降，决策和解决问题的能力减退，易发脾气，易受惊吓等；询问事件过程中参加者有何不寻常的体验，事件发生后，生活有何改变，请参加者讨论其体验对家庭、工作和生活造成什么影响和改变。

第五期：辅导期。介绍正常的反应，实施者尽力说明成员经历的应激反应是正常的，不是病理症状。提供准确的信息，讲解应激反应模式；应激反应的常态化。同时提供应激管理技巧，强调适应能力；讨论积极的适应与应付方式，动员自身和团队的资源相互支持；提供有关进一步服务的信息；提醒可能的并存问题（如饮酒）；给出减轻应激的策略；自我识别症状。

第六期：恢复期。澄清不正确的观念；总结晤谈过程，回答问题；提供保证；讨论行动计划；重申共同反应；强调小组成员的相互支持；可利用的资源；实施者总结整个晤谈过程，同时评估哪些人需要随访或转介到其他服务机构。

整个过程需 2~3 小时。严重事件后数周内进行随访。

CISD 的注意事项

（1）处于抑郁状态的人或以消极方式看待晤谈的人，可能会给其他参加者增加负面影响。

（2）建议晤谈与特定的文化性相一致，有时文化仪式可以替代晤谈（如哀悼仪式）。

（3）对于急性悲伤的人，如家中有亲人去世者，不适宜参加 CISD，因为他们的情绪还处于极度悲伤中，晤谈可能会干扰其认知过程，引发精神错乱。如果参加晤谈，可能会给同一晤谈中的其他人带来灾难性的创伤。

（4）世界卫生组织不支持只在干预者中单次实施。

（5）受害者晤谈结束以后，危机干预团队要组织其成员进行团队晤谈，以缓解干预人员的压力。

（三）稳定情绪技术（EST）

稳定情绪技术要点如下所示。（1）倾听与理解。目标：以理解的心态接触重点人群，给予倾听和理解，并做适度回应，不要将自身的想法强加给对方。（2）增强安全感。目标：减少重点人群对当前和今后的不确定感，使其情绪稳定。（3）适度的情绪释放。目标：运用语言及行为上的支持,帮助重点人群适当释放情绪,恢复心理平静。(4)释疑解惑。目标:对于重点人群提出的问题给予关注、解释及确认,减轻疑惑。(5)实际协助。目标:给重点人群提供实际的帮助,协助重点人群调整和接受因灾难改变了的生活环境及状态,尽可能地协助重点人群解决面临的困难。(6)重建支持系统。目标:帮助重点人群与主要的支持者或其他的支持来源(包括家庭成员、朋友、社区的帮助资源等)建立联系,获得帮助。(7)提供心理健康教育。目标:提供灾难后常见心理问题的识别与应对知识,帮助重点人群积极应对,恢复正常生活。(8)联系其他服务部门。目标:帮助重点人群联系可能得到的其他部门的服务。

(四)松弛技术(RT)

松弛技术包括:呼吸放松、肌肉放松、想象放松。分离反应明显者不适合学习放松技术(分离反应表现为:对过去的记忆、对身份的觉察、即刻的感觉乃至身体运动控制之间的正常的整合出现部分或完全丧失)。

(五)认知行为治疗(CBT)

治疗者常常通过行为矫正技术来改变患者不合理的认知观念,帮助患者找出使其痛苦的问题实质,提高和恢复其自信心,帮助其康复和回归社会。

1. 暴露治疗(ET)

暴露治疗是让患者面对痛苦的记忆和感觉,通过放松等方法及时疏导和缓解患者的痛苦,使患者逐渐适应这种环境,情境可以是想象的,也可以是真实的,即让患者在放松状态下面对创伤性事件,学会控制他们的恐惧体验。这种方法起效快,尤其对闯入性体验症状有效。目前常用的暴露治疗方法是延时暴露,主要包括5个步骤:资料收集、呼吸训练、心理教育、视觉暴露和想象暴露。

2. 焦虑控制(管理)训练

主要目标是管理应激性事件。通过为患者提供应付焦虑的技巧

（如放松训练、积极的自我陈述、呼吸训练、生物反馈技术和社会技能训练等方法），来改善患者的应付能力，增加应付资源和提高患者自信心，使患者从被动无助的状态转换到积极的可负责任的姿态。焦虑是PTSD的基本症状，因此，焦虑控制训练方法对患者的闯入性体验、警觉、回避三类症状都有效。

3. 认知疗法（CT）

认知疗法目标是让患者识别他们自己的失调性认知，通过与不合理信念的辩论来重建认知系统，减少症状、恢复社会功能。此疗法的目标是改变患者的错误认知，PTSD常常认为世界充满危险，个体过于渺小和无能无助，因此表现有回避社会、兴趣下降、罪恶感或内疚感，认知疗法对这些症状疗效较好。认知疗法包括四个阶段：第一阶段，结合受试者个性特征和情绪反应，分析其认知特征；第二阶段，运用语义分析等认知疗法技术使其认清原有对应激认知的歪曲性；第三阶段，用正确的认知代替非理性知觉，帮助受试者意识到与其应激所致焦虑和烦恼相联系的认知和生理信号，最后使这些信号发展成启动缓解应激技术的提示；第四阶段，对受试者的应激反应进行认知重建。

4. 认知暴露疗法（CET）

认知暴露疗法是结合了认知疗法和行为治疗的一种方法，国外的很多研究文献表明，这种方法治疗应激障碍很有效，治疗方案为向患者讲解创伤应激的有关知识、呼吸再训练、放松训练、创伤记忆暴露、自我重复、认知疗法。

（六）眼动脱敏与再加工疗法（EMDR）

这是一种针对PTSD的心理治疗，目前已有16项随机临床试验为其提供了理论支持，并且被美国精神卫生协会重点推荐。EMDR并不需要患者口头揭露创伤经历的细节或者在治疗阶段完成家庭作业，它要求患者双目睁开，眼睛跟着治疗者的手指方向两侧快速移动，与此同时，要求患者想象看到创伤时的情景，同时有与创伤相关的认知和情感的语言化，伴有持续的眼扫视运动。在EMDR治疗中，患者想象一个创伤性记忆，或任何一个和创伤性记忆有关的消极情绪，然后要求患者大声清晰地说出一个和他们以前的记忆相反的信念。在患者回忆创伤事件的同时,他们的眼睛被要求随着治疗师的手指快速移动。治疗时,治疗师对患者进行评估创伤记忆和重新建立积极信念的治疗。

(七) 支持性心理治疗 (SP)

建立社会支持系统,这是做好心理干预的一个重要措施。面对突发灾难事件,受害者如得不到足够的社会支持,会增加PTSD及其他心理障碍的发生概率;相反,个体对社会支持的满意度越高,其发生的危险性越小。对现场救援者来说,从家庭亲友的关系与支持、心理工作者的早期介入、社会各界的热心救助到政府全面推动灾后重建措施,这些都能成为有力的社会支持,可极大缓解他们的心理压力,使其产生被理解感和被支持感,但我们也应避免支持不当而产生的负面效果。社会支持是心理危机发生以后最大的支持因素,必须从心理学专业角度引导各类社会支持系统为现场救援人员提供全面、科学的社会支持。社会支持包括三类:首先是信息支持,包括通过各种媒体提供心理干预信息等,让他们了解社会的关心和支持;其次是物质支持;还有情感支持。根据心理学原理,将社会支持分为客观社会支持和主观社会支持两个因素。前者主要指在实际工作生活中是否有人或组织以某种途径提供支持,后者主要指现场救援人员本人主观感受到的支持。让他们确认自己的社会支持网络,明确自己能够从哪里得到相应的帮助,包括家人、朋友及社区内的相关资源等。画出能为自己提供支持和帮助的网络图,尽量具体化,可以写出他们的名字,并注明每个人能给自己提供哪些具体的帮助,如情感支持、建议或信息、物质方面等。强调让现场救援人员确认自己可以从外界得到帮助,提高社会支持的利用度。研究显示,强有力的社会支持是无可比拟的抚慰受害者精神创伤的良药,当灾难发生后,你是否有能力去寻求社会支持或给予他人支持?有关应激的研究显示,在遭受重大精神刺激时,良好的社会支持系统对人们尽快从痛苦中摆脱出来,维护心理健康是至关重要的。此时,一个问候的电话、一条温情的短信、寸步不离的陪护等,都是重要的心理支持。同时建立社会支持网络,加大媒体及各部门对现场救援人员的正面报道,积极宣传其工作成果,建立高度关心关怀的人文管理氛围，建立组织中的工作互助网络。社会支持干预的主要方法是团体心理治疗，并加大对社会支持的利用。

（八）心理宣泄/疏泄/疏导法（PC）

该法以小组为单位进行。宣泄就是疏散、吐露心中的积郁。救灾过程中，产生心理压力是正常的事情，而倾诉是心理压力释放的最有效途径。首先是救灾场景回顾。救灾中，你看到了什么？让现场救援人员回忆救灾过程中的所在、所闻、所见、所嗅和所为，该步骤的目的是让现场救援人员在一个相对良好和安全的支持环境中表达自己所经历事件。接下来是谈感受。你想到了什么？你有什么感受呢？引导现场救援人员充分表达这次救灾的感受，通过交流来减轻内心的不安。该步骤的目的是让现场救援人员在这个安全且可以值得信赖的环境中愿意暴露自己较长一段时间以来一直压抑的负性情绪，坦然面对和承认自己的心理感受，不刻意强迫自己抵制或否认在面对突发灾难事件时产生的焦虑、担忧、惊慌和无助等心理体验，而这不仅可以改变为此产生的羞愧感，而且由于治疗师和其他组员的支持和分享，可以有效地减弱其对灾难经历的自责、抑郁、担心等其他负性情绪。最后是症状描述。在这一阶段，让现场救援人员进一步描述一下自己的应激反应症状，例如睡眠问题、饮食问题、脑子不停出现的闪回、注意力、记忆力等问题；除此以外，谈一谈救灾之后有何不寻常的体验，讨论这些体验对学习和生活所造成的影响。这一阶段的目的，一是继续使得组员能够将自己的变化与自己所遭遇的创伤进行联系，不断修复组员认知、情感和行为间的联系，修复组员内在心理结构与外界环境之间的联系，使之渐渐适应社会，开始新的生活；二是筛查出症状较明显、需要进一步作个别心理治疗的组员。

（九）暗示诱导法

对于内疚哭诉者，最错误的做法，是叫他们不要难过，不要哭泣，其实最正确的处理方法是给他一面纸巾，让他大哭一场，告诉他已经尽了力，已经做得很好了，哭诉不是软弱，是正常的，从而引导他们走向积极的方面。

(十) 心理教育咨询

采用集体上课的形式，讲述与应激相关的心理学知识，每周一次，每次两小时。此外具有相应的组织，例如学校可举行个体咨询和团体咨询的服务形式为相应群体提供心理干预服务项目，其中团体心理咨询与治疗是在团体情况下提供心理帮助与指导的咨询形式，即由咨询师和现场救援者通过共同商讨、训练、引导，解决成员共有的心理问题，团体心理辅导以其效果好、普众性好成为一种同质性群体心理干预的良好选择。

(十一) 应对方式

帮助思考选择积极的应对方式；强化个人的应对能力；思考采用消极的应对方式会带来的不良后果；鼓励有目的地选择有效的应对策略；提高个人的控制感和适应能力。讨论在灾难发生后，你都采取了哪些方法来应对灾难带给自己的困境？如多跟亲友或熟悉的人待在一起，积极参加各种活动，尽量保持以往的作息时间，做一些可行且对改善现状有帮助的事等，避免不好的应对（如冲动、酗酒、自伤、自杀）。

(十二) 药物干预

药物干预是心理干预的辅助方法，此项属于心理治疗的范畴，需要在专业的精神科医师的指导下进行，其中针对危机后干预的重症人员，在接受心理技术方面的服务外可根据自身突出的情绪障碍附以相应的药物干预，目前主要使用选择性 5-HA 再摄取抑制剂类抗抑郁药物，能够缓解抑郁、焦虑症状。苯二氮卓类药物可以减少过度警觉症状，对于急性应激反应有良好的干预效果。另外还可以应用情感稳定剂来改善情绪。因为生理症状的改善可以影响到个体情绪的好转，所以及时给予药物对症治疗是心理干预的良好辅助手段。

下篇　实践篇

第四章 实践篇总论

一、火灾后心理行为汇总

通过对火灾后的调研，以三维评价体系和症状清单量表为访谈基础，对经历创伤事件后所有的当事人或现场目击者都会产生各种各样的情绪反应进行收集和归类。不少人会出现不舒服的身心症状，其结果同前人非火灾类心理应激及危机反应（如地震、矿难等）基本一致，这在一个层面上说明了，心理危机干预方法和措施在不同危机背景下具有相通性和可借鉴性。心理行为数据总结归纳如下。

表4-1 火灾后心理行为数据库总结归纳表

情绪反应	害怕	很担心事件会再发生
		害怕自己或亲人会受到伤害
		害怕只剩下自己一个人
		害怕自己精神崩溃或无法控制自己
	无助感	觉得人是多么脆弱，不堪一击
		不知道将来该怎么办，感觉前途茫然
	悲伤、罪恶感	为亲人或其他人的死伤感到很难过、很悲痛
		觉得没有人可以帮助自己，恨自己没有能力救出家人
		希望死的人是自己而不是亲人
		为自己的幸存而感觉罪恶
	愤怒	觉得上天怎么可以对自己这样不公平
		救助的动作为何那么慢
		别人根本不知道我的需求
	重复回忆	一直想到逝去的亲人，心里觉得很空虚，无法想别的事
	失望	不断地期待奇迹出现，却一次一次地失望
	希望	期待重新开始人生，希望更好的生活将会到来

续表

行为反应	下意识动作增多、坐立不安、脱离与疏离、攻击与强迫
认知反应	无法信任、失控、觉得被拒绝及被放弃
	感知异常、思考和理解困难、无法集中注意力及记忆力减退
身体反应	疲倦；失眠；做噩梦；心神不宁；记忆力减退；注意力不集中；晕眩、头昏眼花；心跳突然加快；发抖或抽筋
	呼吸困难，窒息感；喉咙及胸部感觉梗塞；恶心，呕吐；肌肉疼痛（包括头、颈）；子宫痉挛；月经失调；反胃、拉肚子

注：依据症状量表的访谈结果

上述情绪反应和身体症状如果得不到有效的缓解或处理，经过一段时间的积累之后，就会形成一种超过个体平时应付能力的难以载荷的心理障碍，自杀的风险就会增长。一般而言，自杀的主要因素在于情感的丧失和对痛苦的难以承受。

例如，一位从着火的房子里脱险的小女孩，在随后的数周里，几乎每晚都从再现火灾的噩梦中惊醒。这些就是创伤性噩梦。它通常具有想象、语言、思维与情感等显著特征，给人们的身心造成不可估量的巨大压力。创伤性噩梦不仅发生在成人身上，在儿童中也甚为常见。然而有关儿童创伤性噩梦发生率的可利用统计资料几近于无，但无论何时，当调查人员与刚经历过严重创伤的儿童交谈时，发现其噩梦的高发率仍然十分引人注目。即当创伤足够严重，而受害者非常脆弱时，几乎任何人都会产生噩梦，美国的研究者称之为"创伤性压抑失调"现象。

二、火灾后核心指标统计调查结果

依托课题研究数据，根据收集来的心理行为数据，统计分析后得到如下结果。本次调查研究中，核心指标统计调查结果我们收集了生理不适应的数据（未包含时间维度），包括身体不适应、失眠和饮食三个维度，基本情况描述信息如表4－2。

表4-2 火灾被试生理不适应总体描述

不良生理反应	被调查人员状况	正常	亚健康	不健康
身体不适应	百分比%	68.8	23.5	7.7
失眠	百分比%	66.8	21.3	11.9
饮食	百分比%	69.4	22.7	7.9

从上表可以发现，失眠成为被试生理不适应的最突出问题，所以需要针对睡眠障碍采取积极有效的危机干预。

将抑郁、孤独、恐惧、烦躁、愤怒和焦虑等不良情绪进行方差分析比较，其结果如表4-3所列。

表4-3 不同群体的不良情绪总体差异（M±SD）

不良情绪	关注者	亲历无受伤	亲历者受伤及亲属伤亡者	F
抑郁	2.39±0.93	2.91±1.06	3.41±0.91	18.911***
孤独	2.29±0.90	2.83±0.96	3.03±1.09	11.908***
恐惧	3.28±1.18	3.83±1.03	4.17±0.74	12.065***
烦躁	2.21±0.94	2.67±0.93	3.06±1.03	13.366***
愤怒	2.59±0.96	3.18±0.78	3.53±1.01	18.280***
焦虑	2.91±1.09	3.37±0.97	3.78±0.80	12.294***

注：*$P<0.05$；**$P<0.01$；***$P<0.001$

从表中可以看出，抑郁、孤独等不良情绪在三类群体间具有非常显著的差异（***$P<0.001$）。

根据调查结果，得到六种不良情绪的平均数及标准差，如表4-4。

表4-4 三类群体的不良情绪的平均数及标准差

不良情绪	儿童青少年		救援人员		成人	
	M	SD	M	SD	M	SD
焦虑	2.94	0.94	2.71	0.86	3.24	1.05
烦躁	2.62	1.03	2.36	0.90	2.53	1.06
愤怒	2.81	0.89	2.88	0.78	2.90	1.02
抑郁	2.67	0.91	2.56	0.80	2.76	1.03
孤独	2.31	0.98	2.72	0.89	2.58	1.00
恐惧	3.41	1.03	2.60	1.05	3.68	1.06

从表中可以看出，不良情绪水平由高到低分别是成人、儿童青少年之后是救援人员。

以被试的性别、群体（成人、儿童青少年、救援人员）为自变量，以不良情绪为因变量，使用线性分析进行多变量分析，对被试的不良情绪和三类群体的差异进行考察，结果如表4-5。

表4-5 不同群体、性别在不同情绪维度上的方差分析（F值）

不良情绪（F）	性别	火灾被试	性别×火灾被试
焦 虑	20.20*	14.79*	0.90
烦 躁	0.10	5.10*	0.20
愤 怒	0.10	0.80	1.00
抑 郁	1.50	2.80	1.70
恐 惧	11.88**	57.7*	0.50
孤 独	0.30	15.7*	5.00*

注：* $P<0.05$。

结果表明，在六种不良情绪中，所有人群群体，在焦虑、烦躁、恐惧和孤独维度上，有显著的群体主效应；焦虑上有显著的性别主效应。这说明女性的焦虑与恐惧要高于男性，其余维度差异不显著。

根据调查结果，可以得到三类群体的不良情绪的平均数及标准差，如表4-6。

表4-6 受灾群众的生理不适应反应状态的平均数及标准差

	儿童青少年		救援人员		成人	
	M	SD	M	SD	M	SD
生理不适应	2.58	0.96	2.39	0.86	3.12	1.07
失 眠	2.76	1.10	2.37	0.96	3.30	1.20
饮 食	2.67	0.94	2.31	0.89	2.72	1.08

以群体和性别为自变量，以生理不适应、失眠、饮食状态为因变量，线性分析结果如表4-7。

表4-7 不同性别的三类群体在不同生理反应上的方差分析（F值）

	火灾被试	性别	性别×火灾被试
生理不适应	33.87*	10.29*	2.06
失 眠	40.09	2.62	1.06
饮 食	12.84	1.38	3.16*

注：*$P<0.05$。

结果表明：三类群体的生理不适应反应、失眠和饮食状态，都有显著的群体主效应；生理不适上有显著的性别主效应。这说明女性的生理不适应反应高于男性，而失眠、饮食状态在性别上差异不显著；群体和性别在饮食状态上有显著的交互效应。

为了进一步考察不同群体的生理不适应的差异状况，我们又进行了LSD检验，结果如表4-8。

表4-8 三类群体生理不适应的不同维度平均得分之间差异的LSD检验

变量		儿童青少年	成 人	救援人员
	儿童青少年		*	
生理不适应	救援人员	*	*	*
	成 人	*		*

注：*$P<0.05$。

针对三维评估体系中核心指标的统计调查，我们得到如下的结论。通过参看地震、矿难等环境性的危机事件数据，我们发现他们之间具有很高的相似性，特别是在情绪方面的指标，其应激反应是人面对突如其来的灾难事件的应对性保护。因此在制定干预方案时，前人所积累的技术、实践应用起到了非常重要的引领和参考作用，将火灾心理应激的心理行为反应拆分为情绪、行为和认知三个核心指标后，就可以更直接地为每个关注的指标提供更具针对性的技术方案。

另外一个重要的实践成果就根据心理行为数据库的统计分析，我们肯定了之前提出的五级干预模型，即一线消防官兵、火灾亲历者、死伤者家属、火场附近居民及关注者的模型分级假设，此外在实践心理危机服务中，通过认知层面的实践干预，我们发现了年龄这一影响因素对心理危机干预方案的制订具有很高的影响性，因此根据火灾不同程度的卷入事件的水平分为不同等级的危机干预分层，除此之外根据基础数据中年龄作为心理干预的重要影响因素，在实践中得到区分，在其后的案例分析中尽量区分出成人的危机干预方案和非成人的危机干预方案，例如火灾亲历者伤残人员的干预方案中又具体区分出火灾亲历者成人组的干预方案和火灾亲历者非成人组的干预方案，这样能提高干预方案的针对性和有效性。具体的案例和技术应用的干预模式我们将在以下章节中同大家交流。

第五章 对火灾后不同群体心理危机干预

一、火灾亲历者心理危机干预方案及应用模式

(一) 火灾急性应激障碍的援助方案

应用范围：对火灾亲历者及与死伤者关系密切者在事件发生后一月到两月内可实施的援助方案。

急性应激期间心理行为特征：此为灾难事件后正常反应，应采取援助措施，但并不需要生理治疗之外的其他特别心理危机干预措施。

重点人群：火灾亲历者及与死伤者关系密切者。

心理援助过程与方法

第一阶段：火灾发生后短时间内。此时当事人处于惊恐不安、情绪麻木的状态，他们的反应是原始的、本能的。因此，救援者应充当照顾者的角色，依据马斯洛需要层次理论去满足当事人最基本的需求，营造温暖安全的氛围，并给予情感上的支持。如告诉当事人"我在这里，我可以帮助你"。用简单清晰的言语，提供一些建议。建议用温和的目光，和对方接触，并可以握着他们的手或给予他们一个拥抱；提供实际的帮助，如提供食物、饮水、保暖物品、安全住所，协助其与家人联系、寻找失散的财物等，并帮助其解决睡眠问题。

第二阶段：灾难后的3~5天后。此时的当事人表现为无助感、强迫性的重复回忆、失望、失眠、回避、疏远等多种心理特征。救援者应充当教师的角色，帮他们解释发生的症状和反应，并教授他们使用创伤后应激反应的应对策略，如怎样克服恐惧、担心、悲伤、愤怒、内疚感等心理。救援者可把具有相似心理特征的人组织在一起，形成一个互相支持的团体，在一起讲述灾难事件发生的经过，完成整个创伤性故事的讲述，并分享各自的体验，达到互相帮助和安慰的目的。

救援者应给当事人讲述创伤后的应激反应的规律和特点，逐步增加他们的活动计划，帮助他们寻求社会支持，进行体育锻炼和放松训练等。

第三阶段：火灾发生 1～2 周后。可以让当事人再次叙述火灾的过程；检查创伤症状，观察其推进自我修复的进度；使他们尽早回归正常的生活，协助他们对环境做出相应的反应，并尽量维持原先从事的工作，发现和预防 PTSD。

第四阶段：灾难发生 1～2 个月后。此时大部分受灾者能恢复正常，但仍有少数人遭受应激反应的痛苦。在这一阶段里，可以让他们再次回顾灾难全过程，观察他们自我修复的过程，关注他们的生活重建。

怎样使受到灾难打击的人们在受灾的三个月内，通过多种途径，消除灾难带来的阴影，不至于转入长久的创伤后应急障碍，心理自救应该是最关键、最行之有效的方法。

心理援助者在帮助求助者时，可以关注如下方法。

1. 面对灾难，要原谅自己

幸存者一个最普遍的心理就是自责。他们经常说的话是"要是我……，她/他就不会死了……"。他们会深深地内疚，认为是自己导致了亲人、朋友的离去。这种内疚感如果不能及时地应对，会深深地嵌入到幸存者的心底。在灾难过后的很长时间内，他们都被这种心理束缚着，不能自拔。心理援助者的一项重要的任务，就是让他们学会原谅自己、面对灾难，以积极方式对发生的一切进行归因，改变幸存者心中不现实、不合理的信念。

2. 失去亲人者要敢于面对事实

很多人不愿意接受亲人已经逝去的事实。此时，心理援助者的重要任务就是协助幸存者处理好与死者的关系。一个重要的方法就是举行道别、纪念仪式，要让他（她）知道：已离去的亲人或朋友，永远活在我们的记忆之中。很多人都希望将创伤事件忘掉，这其实是不可能的，不能自拔者往往存在以下误区。

误区一：试图忘记创伤。很多人都希望将创伤事件忘掉，这其实是一个误区。在每年的创伤事件的那一天，可以采取健康的行动去纪念逝者。人们永远都不可能忘掉创伤，而要做的是，逐渐淡化悲哀，积极地投入新的生活。

误区二：藏起死者的遗物。求助者怕亲人看到了死者的遗物而陷入悲伤，把这些遗物藏起来，这种做法从长远看是不对的。保存适当的遗物在生者身边，会使生者产生一种寄托感，应该尊重这种怀念方式。

误区三：认为自己出了很严重的问题。火灾后，人们会在心理、生理方面出现不同程度的反应，如疲倦、失眠、做噩梦、心神不宁、记忆力减退、注意力不集中、晕眩、心跳突然加快、发抖或抽筋等。这是正常的心理行为反应，不要担心、害怕或回避，积极面对就可以。

误区四：避免提到灾难。灾难后，人们都避免提到灾难，怕引起当事人的痛苦回忆，其实，适当地面对灾难对当事人有好处。

需要反复强调的是，出现认知和行为上的不适是正常反应，只要积极应对，对以后的工作和生活影响不大。大部分反应随着时间的推移都会渐渐减弱，一般在一个月以后，人们就可以重新回到正常的生活，像哀伤、思念这样的情绪会持续很久，但不会影响正常的生活。不要刻意遗忘，要学会带着的哀伤继续生活。

3. 强化自我调节的意识

人是有自我恢复的能力，在火灾发生后，尽快恢复到日常的生活状态是重要的，每个人都可以通过自己的努力缓解心情。这种主动意识在恢复过程中很重要。为此，我们有如下建议。

第一，要保证饮食和营养以及充足的睡眠，如果饮食与睡眠不太好，可以做一些放松的运动。

第二，寻求社会支持。与家人和朋友聚在一起，向他们敞开心扉，把自己的情绪感受表达出来，与大家共同分担。不要假装坚强，也不要勉强自己和他人去遗忘痛苦。

第三，不要阻止亲友对伤痛的诉说，他们的悲伤可以帮助你减轻痛苦。不要对自己说："我要赶快好起来，不能让自己这样下去。"这样会导致压力过大。因为自己有了某些心理反应而误将其当作"病态"，从而刻意地去试图压抑，反而有害。不要对自己说："我没事，我挺好的。"这种表现是在隐藏自己的感觉,压制内心恐慌。不要对自己说:"别哭了,我们不要难过了。"这样阻止情感表达会使自己更加压抑。不要对自己说:"我想把这些事情都忘掉。"试图遗忘是不对的,伤痛的停留是正常的,更好的方式是与朋友和家人一同去分担痛苦。

4. 避免拼命工作

不停地工作不是正常的表现。灾难后很多人表现得很亢奋,这种表现也是一种急性应激表现。他们会不停地工作,用工作来麻痹自己。建议在这种情况下,相关人员应与当事人加强交流来分享感受,分担压力和痛苦,利用团体的力量使恐惧感下降;也要经常与家人打电话,报平安,寻找社会支持。

(二) 火灾亲历者的干预方案

应用范围:火灾及相关事件中不同发展阶段的受伤人员。

重点人群:伤残个体。

成人和非成人心理援助过程与方法

1. 火灾亲历者(成年人)的干预方案

(1) 案例简介。

火灾卷入者 8 - 2011 - 4 - ly1034[①] 是在一次前方货车运输途中失火,进而引起其后方运行的当事人发生车祸时失去了右手。当车辆撞击发生后,8 - 2011 - 4 - LY1034 所乘汽车失控,他感到 100% 恐惧(以 0~100 为范围,100 = 恐惧的最大可能程度)、100% 绝望(以 0~100 为范围,100 = 绝望的最大可能程度)、在 100% 的危险中(以 0~100 为范围,100 = 危险的最大可能程度),以及 100% 肯定自己就快死亡。

8 - 2011 - 4 - LY1034 的右手受伤严重。身体和心理的伤痛已导致他长期的痛苦。在整个事件中,8 - 2011 - 4 - LY1034 的头部没有受伤,意识也一直清醒。

---

① 8 - 2011 - 4 - ly1034 为代号,以下同。

（2）评估方法。

A. 结构化面试

PTSD临床诊断问卷用来评估暂时或终身创伤后应激障碍。根据《心理评估干预说明》《心理危机评估与干预记录表》的结构化临床面试，评定DSM-Ⅳ鉴定的创伤后应激障碍症状、总体症状严重程度、症状改善以及社会和职业功能。8-2011-4-LY1034在汽车事故后一个月内出现了重度抑郁症状。虽然在评估时他仍有明显的重度抑郁残留症状，但已不符诊断标准。他没有药物史或酒精史，也没有患过恐惧症。

B. 纸笔式措施　健康相关情况（特别是头痛、胃痛、排泄习惯改变或其他疼痛）

治疗期间，8-2011-4-LY1034被要求每天根据如下李克特式量表记录自己的程度：0=一点也不；1=轻度厌恶/每天1~2次；2=一般或持续的/每天3~4次；3=严重，非常强烈或坐立不安/每天5~8次；4=极其不安，影响各功能/每天8~12次；5=虚弱无力，各功能无法运作或继续。这则日记由前人研究改编，该研究表明日记对最终治疗效果有积极影响。由于8-2011-4-LY1034也承认尚存相当的抑郁症状，所以在正式治疗之前以及结束时，又使用了抑郁症量表法。

三维评估表、《心理评估干预说明》《心理危机评估与干预记录表》在治疗初始疗程和最后疗程使用，以便为PTSD症状提供一般的对策。

C. 干预

该案例采用了认知疗法，尽管CPT已经在火灾干预研究个案疗程中被使用，实验数据也显示出不同个体对该疗法的反应各不相同，其中一部分来访者不需要十二个疗程就可以达到最终实验干预效果。8-2011-4-LY1034的情况则是在十个疗程后基本稳定。但与来访者核心思维体系相关的工作表（安全、信任、权力和控制、自尊和亲情）在最后五个疗程中仍正常进行，其反映的信息在第十个疗程被反馈给来访者，治疗结束。

第一疗程

进行PTSD和抑郁症状的性质及其演化过程的心理教育，介绍

PTSD 发展过程的理论和相应的治疗计划。来访者的亲人参加了第一疗程的剩余部分，事实证明效果很好。在进行下一个疗程之前，8-2011-4-LY1034 被要求写出《车祸报告》。这个任务主要是要来访者写出影响他正常的日常生活和意识体系的创伤的严重程度。

第二疗程

8-2011-4-LY1034 阅读他自己的《车祸报告》。该疗法的认知部分从鉴定他的"困点"开始，通过苏格拉底式问答，冲击他的认知扭曲。"如果不是爸爸控制车子出问题，这件事情就不会发生，我就不会遭遇这样的痛苦"的强烈想法出现。这时开始使用三维评估表，来访者被要求记录每天和创伤有关的想法。

第三疗程

8-2011-4-LY1034 提交了他完成的三维评估表。他可以界定一些模糊想法，例如"都是我的错，要是我没有注意力涣散，我就不会躲不开危险，这一切都不会发生"。继续使用苏格拉底式问答。来访者被要求继续使用认知疗法，并写下他对创伤的想法（暴露要素）。

第四疗程

来访者阅读他的想法，之后也一直在每两个疗程之间进行阅读。最初他的抑郁症状十分明显，但随着时间的推移逐渐减轻。阅读各疗程的想法他还是有些困难的，并且逐渐有些情绪化。虽然 8-2011-4-LY1034 在用正式问答表述自己思想上有一些困难，但对非正式的认知冲击却持续表现出巨大进步。布置给他的任务包括不间断的思维监测和冲击，以及记录暴露疗法中的想法。他的心情明显明朗起来，到疗程结束时，他甚至已是兴高采烈了。疗程结束后，他主动要求可以尝试下坐车回家。

第五疗程

8-2011-4-LY1034 因为汽车的问题没有做到每两周来一次。但在此期间，他能努力地完成好医生布置的家庭作业，主动报告说那次事故之后五个月来他首次近距离接触交通工具。他自己也认为这是一个巨大进步。提到关于火灾等或看到相关消息时，他也表现得相对平静了。如果他的情况持续好转，那么整个疗程将在下一个疗程后结束。

第六疗程

检查8-2011-4-LY1034的作业后,测试者发现他的积极行为和疗程相一致,他表现出了明显的开朗心情,在看到自己受伤的手,也没有想起事故场景。检查他的作业后,测试者还发现他能成功鉴定一些残留的认知扭曲("人们一定认为我疯了,因为我在那场事故后表现异常")。他很轻松地对付了这类想法,并代之以更加准确、稳定的想法("我经历了一场很严重、很不一般的事件,那使我非常难过。尽管我对失去部分手部功能很伤心,也许再也无法画画,但我会尽我所能调整心情。我能继续健康地生活下去")。接着,测试者简要阅读了七至十二疗程中的模块说明,并把该说明给了8-2011-4-LY1034,还有额外的认知疗法工作表,至此治疗结束。

需要指出的是,来访者在第六疗程之前已没有什么症状。比较来访者曾经的PTSD严重程度,他的确在相对很短的时间内明显恢复。这么短时间的恢复是令人吃惊的,但这种恢复情况是因人而异的。

2. 火灾亲历者（未成年人）的干预方案

几十年来,暴露疗法一直被认为是治疗PTSD的有效疗法,其主要范式就是系统脱敏和满灌疗法。系统脱敏的原理是逆条件作用,目标是把恐惧刺激和深度放松或快乐等与焦虑的情境相匹配。通常的做法是使患者逐步暴露于恐惧刺激。满灌疗法则是基于经典条件反射中情绪反应的消退原理,强制将患者长期深度暴露于恐惧刺激。满灌疗法常引起高度焦虑,最后会由于恐惧结果没有出现这种焦虑而逐渐消失。无论是系统脱敏还是满灌疗法,刺激可为真实的,也可为想象的。

目前尚无对儿童和婴儿进行灾难应激障碍治疗模式的对比研究。很多研究都证明了系统疗法和满灌疗法对青少年灾难应激障碍的疗效,但其都是通过语言、图像复现应激事件的。各种证据表明,暴露疗法应用于治疗前言语婴儿的PTSD是非常有效的。

(1) 案例简介。

7-2011-10-xj1034现今1周岁,因为看管疏忽,孩子被家中厨房的火和热汤严重烫伤,医院里的婴儿行为表现有时会哭泣并抗拒药物干预。由于伤口本身、清创手术及插管引起的疼痛等,他很虚弱。

在一次插导尿管时，护士因为用了一根过粗的导尿管导致插管未成。一开始婴儿激烈反抗，但随着疼痛持续，他突然变得安静和消极性冷漠（未入睡），似乎要放弃逃跑。

（2）情绪创伤症状。

返家后，7-2011-10-xj1034 表现出以下 6 个症状。

A. 睡觉和进食模式改变：术前，夜间进食间隔为 5～6 小时，术后几乎每两小时醒来一次。

B. 哭泣增多：即使经常搂抱和喂食，每天至少哭泣两小时。父母发现他会突然醒来并大声哭泣，并非由于止痛药效过去的缘故。术后哭泣量接近产后三个月内的哭泣总量，而从第四个月开始他已经几乎不哭了（术前）。

C. 夜间恐惧：回家后一周内有两次夜间醒来，并歇斯底里地哭泣，可能是因为不能辨别周围环境，这和他清醒并反应敏锐时的夜间哭泣不同。即使服用止痛药，夜间恐惧依然发生。

D. 运动机能减退：术前他经常翻身，而术后只在第一周内翻过一次，后三周内一次也没有。

E. 仰卧恐惧：术前他喜欢仰卧时给他换衣服，但术后，仰卧时经常尝试着翻转身子。

F. 陌生人恐惧：术前他对陌生人很感兴趣；术后当有陌生人靠近或与他交流时，他会哭泣转身回避，即使父母抱也一样。

（3）治疗与干预。

通过电话和面询两种方式，课题组除了对其父母进行情绪释放外，重点是对孩子进行了治疗性干预，包括以下方式：经常抱孩子，避免孩子遭受过度刺激，另外，还使用暴露疗法（满灌疗法）。下面我们将详细介绍这些干预方式。

A. 频繁的拥抱：父母要比手术前更频繁地抱孩子。

B. 避免过度刺激：父母要避免孩子接收过多的新体验。当有除父母外的存在时，父母就把他抱到安静的屋子，应阻止其他人碰他或是抱他。

C. 让孩子在父母的怀抱中哭：无论白天还是晚上，孩子吃饱后如果一直哭，只要哭泣时间不超过两小时，就任其哭闹，但要把他抱在怀里不停安抚。一开始孩子哭的时候会手脚乱动,但之后他就会渐渐放松,感到满足,并渐渐安然入睡。

D. 暴露疗法(满灌疗法):日常照顾中(如换尿布),有时不得不将孩子翻过来让他仰卧,这时他恐惧得尖声哭泣,父母为此很担心。咨询后,他们决定采用满灌疗法。术后一星期,他们认为是进行第一阶段满灌治疗的时候。他们利用孩子的仰卧姿势作为一种自发的创伤触发物。父亲告诉我说在换完尿布之后,孩子一直尖叫,挥胳膊蹬腿,他也不再立即将他抱起来,而是紧紧地贴近他,深情地抚摸他并轻声抚慰,20分钟后他逐渐平静下来,在父亲的怀里慢慢入睡。

这一阶段之后,父母将他翻过来给他换尿布时他不再尖叫了,并且夜间的恐惧症状也消失了。有了以上良性转变,父母决定继续实行满灌疗法。他们又进行了几次强迫仰卧,婴儿这几次尖叫得更厉害。我亲自观察并指导了其中的两次,这两次都是在咨询过程中自然发生的。

在他出院后的第十天,父母在给他换过尿片之后又让他强迫仰卧,并紧紧伴随在侧。刚开始他还很开心,但突然就开始哭喊并持续尖叫了45分钟。当时父母分别在他两旁,近得足以使他能摸到他们的脸庞。父母不断地抚摸他,深情地看着他并柔声抚慰。他们不时地将他抱进怀里,再将他轻轻放下。但是,不管怎样,他都一直哭。尖叫时,他一会儿看看父亲,一会儿看看母亲,并伸手去摸他们的脸。当他看向父亲的时候(在左边),他伸出左手摸父亲的脸;而当他看向母亲的时候(在右边),他就伸出右手去摸母亲的脸。在他大声哭泣的45分钟内,他每几分钟就会重复一次头部和手部的这种动作。之后他自然地就停止了尖叫,逐渐平静下来并暗示他要喝奶。在母亲喂过奶之后,他就入睡并平静地睡一个小时,醒来之后就显得很聪明、机灵。

在他出院后的第十七天,他又突然大哭起来,当时父母分别在他的两旁,这跟一个星期之前的情况很相似。他又像之前一样,一会儿看看父亲,一会儿看看母亲,并伸手去摸他们的脸。我鼓励这对父母不时地把他抱起来,尽管他一直哭也还是继续这么做。在他持续恐怖的尖叫过程中,有一小段时间他只是盯着天花板,似乎与现实脱节。直到他父母出声安慰并抚摸他,他才又与他们有了目光上的接触,看看父亲又看看母亲,并触摸他们的脸庞,哭泣却没停止。在持续尖叫大约一小时之后，他终于平静下来。父亲抱着他，他就在父亲的怀里安静地睡着了。仅十分钟后，他就醒了并暗示要喝奶。母亲喂过奶之后，他就变得高兴起来，反应变灵敏了，也显得机灵了。

依据其父母的报告，在这两次哭闹之间，他还有过两次相似的症状，之后也有三次，当时至少有父母中的一人在身边。概括其特征：在换尿布之后如果还处于仰卧姿势，他就会毫无理由地大哭起来。这样的情况总共有八次，每次持续时间为 20~60 分钟，都发生在他住院治疗后的一个月之内。但不是每次哭闹之后，他就马上睡着了，有时候他会平静下来并冲着父母笑，有时表示要喝奶。

（4）结果追踪。

一个月后（13 个月大）

返家后一个月，上述 6 个症状有 3 个完全消失：孩子的夜间恐惧消失了；一个月末，他不再有仰卧恐惧，重新喜欢仰卧时给他换衣服，并与父母交流和抓取物品。此外，他能无支撑地坐起，其他各方面也都发育正常，如体重增加。

但尚有 3 个症状存在：依然比术前哭得多；经常夜间惊醒；依然对陌生人感到恐惧。7 - 2011 - 10 - xj1034 的父母把他持续哭泣的原因归结为开始戴上压力衣（作用是使受伤部分的皮肤发育成正常形状）。回家后 3 个月，每天压力衣穿着时间不能少于 23 小时。哭泣的时候他用手去抓，似乎要除去压力衣，看起来很紧张。

两个月后（14 个月大）

回家两个月后，所有症状消失了。纵使哭泣模式有所变化，哭泣量与术前也差不多。虽然他也从夜间惊醒过几次，但是睡眠改进，睡眠模式与术前相似。他的运动机能正常发育并开始进入关键的学语期。然而他开始表现出分离焦虑，抗拒父母离开。但父母回来时他又非常高兴。

三个月以后（15 个月大）

婴儿继续正常地成长发育着，对陌生人的恐惧感再次出现，但比术后第一个月内的症状轻微。当陌生人靠近，他会严肃地瞪着对方，有时转开身，但不再很紧张或很有压力。

四个月以后（16 个月大）

婴儿开始缓慢地行走并表现正常的辨识系统，自主神经操控、社交能力得到发展。他晚上偶尔会惊醒，但已不像术前那样频繁。

一年以后（24个月大）

他已经是一个聪明、快乐的小孩，晚上能够正常睡觉，各方面均发育正常。他的语言能力甚至高于平均水平，词汇量达到几百个单词，并且进入双词教育的初级阶段。

因为是案例收集的局限性，本文引用其他资料的危机干预方法，来针对儿童、青少年阶段的心理救援与干预的策略做如下介绍。

在对儿童、青少年进行危机干预前，必须理解他们目前的精神世界和生活状况，把握和知晓以下信息。

第一，孩子目前的生活环境、家庭关系和经济状况，以及能够动用的社会支持资源。

第二，对于儿童要了解其生活发育史，以前有没有受过其他的精神创伤。如果曾受过多次精神创伤，在心理救援和干预时要特别慎重。

第三，在本次事件的精神创伤中，有没有孩子的亲人死亡？

第四，孩子的性格如何，行为表现和内心感受是否有两面性？

第五，目前的行为和情绪表现如何？观察有没有焦虑不安、注意力难以集中的问题。

第六，孩子的语言表达如何？这次精神创伤对其可能造成影响的时期长短。

第七，有没有接受过心理评估和诊断？重复实施的心理诊断和干预是不可取的，有时会伤害孩子的心灵。

第八，观察孩子有没有精神错乱及行为异常，考虑需不需要尽早送专业机构由专家诊断和治疗。

辅助资料

灾后普通工作人员要从事初步的心理危机干预应做些什么？

（1）需要了解受灾后容易出现的心理障碍

创伤后应激障碍是灾后最容易出现的心理障碍，尤其是对于死里逃生的人精神打击比较大，在灾后很长一段时间内，他们都还会在头脑中反复经历那些火灾的画面，对于和创伤有关的信息反应剧烈，睡眠、食欲、生活都会被挥之不去的灾难画面和经历搅乱，感到痛苦、紧张、无助。

恐惧是一种灾后常见的心理障碍。表现为对那些本不该恐惧的食物、场景、话语等外界信息的过度恐惧，这种恐惧常伴随明显的紧张、出汗、颤抖等躯体反应，甚至会因此发生一些退缩和逃避行为，对个人的生活和工作造成影响。

焦虑，分为惊恐障碍和广泛性焦虑障碍两种。症状都是表现出与现实处境不相符的紧张、焦虑不安、无所适从。惊恐障碍表现得比较集中，急性症状明显，而且在突发过程中有明显的濒死感，令其在经历一次发作之后惶恐不安。

强迫，包括强迫思维和强迫行为两种，突出表现为自我强迫和反强迫同时存在，造成自我内部分离、对立的精神痛苦。

（2）针对常见情况的心理干预建议

任何行动、语言都会对受灾群众心理产生重要的影响。因此温暖、真诚的态度可以使幸存者减少恐惧感和孤独感。

心理干预工作者不要急于与患者讨论创伤事件，介绍自己，询问生还者在哪方面需要帮助。除非他们自己先开始，否则不要首先开始创伤事件的讨论。为帮助生还者在身心上感到舒适，心理干预工作者可以问他现在正在做什么，他是否喜欢你的帮助，他期待你如何帮助他，他想要对你说什么，他现在乐意谈论什么等，以促进与他建立良好的信任关系。

面对保持沉默的对象，心理干预工作者应细心观察患者的肢体语言和脸部活动，这些细节可能会提供一些重要线索。在灾后初期，人们可能尚未准备好要谈论他们的感受，对于那些刺探他们内心体验的问题会觉得不舒服。因此，耐心的陪伴和倾听就显得尤为重要。

火灾亲历者在灾后的初期会处于安全感缺失、社会支持真空的阶段，在确保其躯体状况允许的情况下，工作人员要利用与亲历者直接接触的机会，向他们传达外界对他们的关怀和支持，使他们感到自己不是孤独地面对困境。

灾后亲历者常常会感到无助和失望。对于这种情况，心理干预者需要引导其看到希望，能够坚定他们战胜困难的信念，形成乐观的态度，并发展对自己命运的控制感，以积极的心态等待进一步的救援。

如何照顾火灾中的伤残人员？

火灾中亲历者可能不同程度地受到伤害，其中许多人在一瞬间从一个健全的人变成了残疾人。那么如何让他们能够接受伤残的现实，坚强地继续生活呢？

(1) 及时地挽救他们的生命

身体上的伤残给人的打击是沉重的。首先要做的就是对他们进行及时、妥善的医疗救助，要尽快、尽量地减轻身体上的痛苦，以防止病情的加重或者延误，危及生命。

(2) 提供及时有效的干预

作为一名心理干预工作者，当与因灾伤残的人们交谈时能体会他们对于自身状况难以言语的痛苦。心理干预工作者应使患者在压力释放后看到生的希望，应使他们认识到：在面对失去的同时，生命的延续是非常重要的。火灾亲历者的亲人、朋友和心理工作者，都应该成为他们最有力的社会支持，这种支持包括情感支持（拥抱、倾听、理解、爱、接受）、社会联系（让他感觉到属于这里，与其他人有共同的事情，与人们一起分享活动）以及被需要感（感到自己对其他人很重要，他不会因为伤残而变得没有价值，他依然是有价值的、有用的）。

(3) 长期有效的帮助

火灾亲历者中很多人都可能会成为终生的伤残人士。残疾人福利机构的救助在物质上能够保障其得到很好的照顾，并给他们提供再次重新面对生存、生活的各种机会。长期持续的援助和干预是确保其健康生活的保障。

二、火灾死伤者亲友心理危机干预方案及应用模式

火灾后当事人的亲朋也是心理危机干预的重要服务群体。很多人不

愿意接受亲人已经逝去的事实。此时心理援助者的重要任务就是协助他们处理好与死者的关系。一个重要的方法就是举行道别、纪念仪式，要让他（她）知道：已离去的亲人或朋友，永远活在我们的记忆之中。

（一）死伤者（成人）家属危机干预方案

1. 死伤者家属（成人）危机干预个体方案

（1）案例简介。

3-2011-2-wr104，女，38岁，国企员工，父亲在老家的火灾中身亡，此后噩梦缠身，梦中的情景到了白天还会继续折磨她。她实在不堪忍受，来到咨询室求助。3-2011-2-wr104因为父亲去世的事情，一直无法解开心结，希望能够通过咨询摆脱目前的现状，投入到新生活中去。

（2）评估与干预。

第一次咨询——伤心为哪般

3-2011-2-wr104预约的下午的咨询，到了时间，她还没有如约到来。过了大约一刻钟后，咨询室的门才被轻轻推开，一位高挑的女士走了进来，眼睛向咨询师看了一眼，立刻又低垂了下去。心理咨询师赶紧请她在沙发上坐下，并给她倒了杯温水，在她侧面的沙发上坐了下来。坐下来之后她就一声不吭了。看得出，3-2011-2-wr104对咨询比较紧张，心理咨询师就没有直接开场，和她聊了聊天气以及最近生活和工作的感受，她才渐渐放松下来。

由于3-2011-2-wr104首次接受心理咨询，为了让她更加了解心理咨询，也为了在医患之间建立起信任关系，心理咨询师强调了咨询中的保密性原则，并运用结构化技术①，使3-2011-2-wr104能够明白咨询对她有什么样的帮助，咨询师在她这一段生活中能起到什么样的作用，并用缓慢、轻柔、充满希望的语气告诉她："现在，你在人生的路上遇到了挫折，我陪着你一起来走这一段艰难的路。但是，重要的一点是：我只是陪在你身边，帮助你发现自己的能量，你的人生路依旧得是你自己走"。看到3-2011-2-wr104的表情传达了由惊讶而后了解的信息后，咨询师询问她最近有什么烦恼的事情，期望通过咨询给她的生活带来什么样的变化？3-2011-2-wr104一下子就退缩到沙发后面，低下头，沉默了十几秒钟后，传来了压抑的哭声，接着哭声越来越大，眼泪成串地滑下来，咨询师一次次地递着纸巾，静静地陪在旁边。哭声慢慢地变成抽噎，过了一会儿，3-2011-2-wr104站起身，说了句"我先走了"。咨询师愣了一下，很快确认她在情绪上已经平静下来，于是，赶紧也跟着站起身，帮她开了门，目送她的背影远去。下楼时她回过头朝我看了一眼，我才稍微放心了些。

第二次咨询——"我害死了爸爸"

3-2011-2-wr104再次预约咨询，咨询师依旧在咨询室中等待。这次咨询她准点到来，似乎有点不太好意思，喝了口放在她前面的水，告诉咨询师发生在她身上的故事。

原来，3-2011-2-wr104的妈妈、外公在前几年就相继去世，但奇怪的是，在他们去世之前，3-2011-2-wr104都梦到了他们，当她梦过之后，他们就去世了。于是，3-2011-2-wr104就形成了这样一种思维模式：自己梦到的亲人就会去世。而在父亲出事的前段时间，她也梦到父亲了。后来还打电话询问父亲身体怎么样，当时父亲说挺好，就是家里现在加工的活挺忙一直没怎么休息好！几个月后父亲因火灾吸入有害气体不治身亡。当事人觉得如果没有在梦中梦到父亲，父亲肯定不会去世！这件事情给她打击很大，她觉得自己是个不祥的人，也觉得自己对不起最亲爱的父亲。3-2011-2-wr104在愤恨与自责中度过了给父亲办理后事的日子。事情一晃已过去4个月，但这些日子她要么在自己的房间里待着，要么到父亲的墓地坐着，入睡难即使入睡也会因梦境睡眠质量变差。别人都觉得是因为她和父亲感情太深了，才会有这样的状态，因而只是劝下她，认为过段时间就会恢复过来，所以并没有过多询问她的内心感受。

在整个叙述的过程中，咨询师看着3-2011-2-wr104的眼泪纷纷滑落脸庞。死亡是一个沉重的话题，很多人都难以面对。当事人背负着父亲死亡的责任，对她来说，是难以承受的。虽说将父亲的死亡和自己的梦联系起来是不合理的思维，不过在这次咨询中，咨询师并没有想着如何去修正她不合理的思维，而是更多地鼓励她回忆与父亲在一起的小事。在她情绪激动的时候,让其充分宣泄自己的情绪,让她感受到,不管怎么样,咨询师都会和她一起面对。这次咨询建立起了坚固的信任关系,这对把咨询进行下去,并对3-2011-2-wr104有所帮助提供了坚实的保障。

第三次咨询——梦的分析

第三次咨询中,咨询师主要以3-2011-2-wr104与父亲的关系展开。咨询师注意引导3-2011-2-wr104充分表达对父亲的想念之情,回忆自己与父亲相处的点点滴滴。这个过程让3-2011-2-wr104再次体验到与父亲的联结,以及自己对父亲的情感……然后,3-2011-2-wr104提到她一直做的印象很深、让她很害怕的梦。

"我到一个果林里,满树都是鲜艳的果实,于是,我就准备伸手去摘,可是刚准备伸手去摘的时候,那满树的果实就变成了一颗颗的骷髅头。惊吓之中我就醒了,但眼前总是会浮现出那一颗颗的骷髅头冒出来的样子。"

3-2011-2-wr104用迷茫、惊恐的眼神看着咨询师,咨询师对3-2011-2-wr104说:"你想伸手去摘的果实一下子变成骷髅头,你肯定会觉得非常惊恐。"

"是呀,特别是我的手快碰到果实的时候,它们就变成骷髅头了。我当时醒来的时候,回忆梦中的情景还直冒冷汗。"

"那你对这个梦会联想到什么呢?"

(3-2011-2-wr104沉思了一下),"我觉得可能是对死亡的恐惧吧。"

"确实,鲜艳的果实一下子变成象征死亡的骷髅头,这让人对死亡觉得非常恐惧。那你在梦中除了恐惧、害怕,还有其他的感受吗?"

"我开始还挺欣喜的,准备摘果子,后来就是巨大的恐惧,就像一个罩子罩在我的头上,让我呼吸不过来。醒来之后,我还会不断回忆这个梦,似乎总有一颗颗的骷髅头在眼前浮现。"

"确实如你所说,3-2011-2-wr104,这个梦虽然意象不多,但是张力很大。在一个情景中,先出现的是引人垂涎欲滴的果实,而后一下子就变成了令人恐惧的骷髅头。在你的心目中,这种突然转变和父亲死亡带给你的冲击很像，短时间内的巨大反差，让人难以接受，原以为父亲可以永远陪着自己，没想到父亲会去世。"

"虽然我知道人都会死，但是我真的无法接受父亲因为这样一个意外离开我。前两个月和单位请了假待在老家，希望能够弥补自己之前作为女儿不能陪在他身边的遗憾。但是怎么能够弥补呢？父亲一直对我都那么好，从小就对我好，但他走的时候我却不在他身边（3-2011-2-wr104 的眼中再次充盈着泪水）。（抽噎着）而且妈妈还有外公对我也很好，但是他们去世前我都梦见他们了，结果他们一出现在我的梦中，很快他们就去世了。现在，就轮到父亲了，肯定是我梦到谁，谁就会死了！都怪我，谁让我梦到父亲的呢？要是不梦到父亲，他肯定还活着。"

看来是 3-2011-2-wr104 将自己的梦与妈妈、外公和父亲的相继去世形成了一个不合理的联结，即"因为我梦到他们去世，所以他们去世了，我应该对他们的死负责任"。

看着 3-2011-2-wr104 懊悔的表情，咨询师对她说："3-2011-2-wr104，你非常非常爱你的父亲，包括妈妈、外公，当你知道他们生病的时候，你非常担心和害怕，会不会梦中表达的是自己害怕他们死掉的情绪呢？"

这个角度的解释让 3-2011-2-wr104 觉得很欣慰，也觉得很能信服。确实，3-2011-2-wr104 在生活中有诸多的不如意，工作和现在家庭关系都有很多不如意义，父亲对她的关怀就显得尤为重要。这份亲情在她心中占据了很大分量，越是在乎，就越担心失去。通过这次咨询，咨询师从另一个角度对她原先的梦作出了解释，这在很大程度上可以卸下她的心头重担，让她不再对亲人的死亡背负责任。

第四次咨询——告别仪式

经过前几次的情绪宣泄和对梦的重新分析，3-2011-2-wr104 轻松不少。但她还有一个心结没有打开，那就是有很多要为父亲做的事情因为父亲的意外去世都成了遗憾。在咨询室中，她看着地面悠悠地说："父亲对我那么好，只有父亲对我知冷知暖，他忙的时候我却不能帮他，他在医院抢救的时候我也未在身边陪他最后一程，虽然在父的墓前道了歉，但依旧无法解开这个结。"

咨询师引用前一次3-2011-2-wr104说的有关父亲关心她的一些事情，引导她继续去体会父亲对她宽厚的爱，使父亲的爱给3-2011-2-wr104带来源源不断的心理能量。接着，通过角色互换的方式，让3-2011-2-wr104从父亲的角度出发，谈谈如何看待自己没有陪父亲走最后一程这件事情的看法，她觉得"父亲的性格，一定会觉得我能好好生活比较重要，而且我当时不知情。父亲知道我很爱她，虽然没有能够陪父亲最后一程实在是终生的遗憾。"这角色互换减轻了3-2011-2-wr104的一些负疚情绪，但她还是有些遗憾。于是，咨询师在咨询室中设置了"空椅子技术"这一环节，鼓励3-2011-2-wr104和父亲告别。在对面沙发上放了一只靠垫，让3-2011-2-wr104想象父亲躺在沙发上，她开始从自己坐的沙发上站起来，慢慢走近对面的沙发，看着那个靠垫，突然，她一下子跪在沙发旁边，抱着靠垫大声哭泣起来。虽然这只是一个仪式性的行为，但通过这个仪式，3-2011-2-wr104表达了心中的哀思，解开了没有和父亲告别的情结。

第五次咨询——对死亡的探讨

这次咨询，3-2011-2-wr104显得比较活跃，她一进咨询室就给我带来了一沓纸，上面是她写给父亲的一封信，思念之情跃然纸上，但看到的更多的是对父亲的感激和对自己未来生活的畅想。死者已矣，生者唯有不断前进才是对死者最好的告慰。本来准备和3-2011-2-wr104好好谈谈对死亡的看法，现在发现，她已经明白。活着的人死掉了，只是外在的躯体离开了，他的内在温情和呵护却永远留在活着的人的记忆中。

2. 死伤者朋友（成人）危机干预团体咨询方案

案例：团体辅导之紧急晤谈技术（成人组）

本案例是为工作单位某一成员意外死亡而进行的团体心理辅导。

案例简介：两天前，某一单位部门的成员因外出旅游，所入住宾馆发生火灾导致火灾吸入性伤害去世。去世者是这个单位部门的领导者，在他的领导下部门成绩突出，团队内部关系和睦。这位领导本人关心下属，具有亲和力且工作能力强，他与团体成员的关系非常好，大家有困难或有疑惑都会找他帮忙，他从不拒绝，热心地帮助组织中的每一位成员。有时他看到哪位成员有困难还会主动地帮助，以致有的组织成员对他很依赖。所以当领导者意外死亡后，大家内心受到巨大冲击，不能接受这一事实，不相信这是真的；后来成员们陷入了深深的悲痛中，出现了不同程度的失眠，食欲下降，还有的人出现走路时感觉去世者叫自己的名字等现象。

晤谈对象：案例编号 14-2012-2-jxg1～14-2012-2-jxg8 共 8 人，均是逝者生前工作单位的同一部门的成员，其中男 2 人，女 6 人。

晤谈地点：其中一位成员的家中。

实施过程

A. 介绍期

首先，干预者向团体成员进行自我介绍，然后介绍 CISD 的规则、程序、所用时间及此次晤谈的目的，详细解释保密原则。同时告诉他们，在晤谈的过程中，谈不谈、谈什么内容、谈多少完全自愿，不想谈时可以不谈。一个人说话时其他人要注意听，尊重每位说话的人，营造一个温馨、安全的晤谈气氛。当确定每位成员对如何进行晤谈没有异议时，请每位成员进行自我介绍，随之进入到下一个时期。

B. 事实期

让团体成员自由谈论自己是怎么知道领导者死亡这一消息和知道这一消息后的所见、所闻、所在和所为。干预者在这个时期的主要任务是引导和倾听，引导每位成员发言，但对不想说的人不勉强。目的是让小组成员在一个相对安全的支持性环境中公开表达自己所经历的事情，用这种方式整理每个人知道这件事的整个过程，让成员彼此验证、确认领导者已经去世的事实。为下一步成员能够表达自己在面对领导者离去时的情感奠定基础。在这个过程中，干预者要关注不想发言和比较沉默的成员，针对这一情况，要进一步强调保密原则，使之增加对团体的信任，再引导其发言。但对还是不想说的成员不能勉强，更不能批评指责。

C. 感受期

在完成前两期的任务后，干预者开始引导成员表达在得知领导者去世时和之后的感受。由于逝者是在旅游时突然意外死亡，这给团体成员带来的心理冲击非常巨大，使这一阶段的晤谈遇到了阻力；部分成员开始沉默，还有部分成员已经泣不成声。干预者及时地表达对小组成员的理解，与他们共情。这时一位成员说："我感觉好像天塌了，大树倒了，我们的工作刚进行了一半，也没有办法再做下去了（哭泣——）。大约过了两分钟，大家开始边哭边谈论自己的感受。但是仍有一位女士不停地哭泣，且一言不发，有的成员对这位女士表现出不满，说道："我们也难过，但是我们说出了自己的感受，他平时对你那么好，你怎么一句话都不说呢？"这位女士显然不高兴了，说："我和你们的感受都不一样，就是不想说，别逼我。"此时干预者对大家说："她虽然没有用语言说出自己的感受，但是我们看到了她一直在哭，表明她内心很难过，处于悲痛当中。也许现在她还没准备好把内心的痛苦说出来，也许还需要我们的支持，所以我们尊重她的选择"。过了一会儿，这位女士终于开口说话："我也很想说出来，但不好意思说，怕大家笑话我，想想还是说出来心里才能轻松。"她接着说道："尽管我已经有男朋友了，但是在我心中，他才是我真正的情人，我崇拜他，敬仰他，以前凡事都要征求他的意见，就连找男朋友都征得他的同意。他是我一生中遇到的最关心我、最体贴我的人，他就这样突然离开了，我接受不了，感觉被抛弃了，我的世界变空了，没有了支撑，感觉活不下去了……"说到这里，她又开始哭泣，这时的小组成员已经知道了她不愿意谈的原因，大家纷纷地给她支持，她平静了下来，说："我想我会慢慢地接受这一事实，毕竟他希望我过得开心快乐。"

这一时期，小组成员的情绪变化比较大，实施者要敏锐地观察小组成员的关系，及时处理由于情绪失控引发的各种问题。在成员没有准备好时，实施者允许成员保持沉默，充分发挥小组成员的力量为其他成员提供心理支持。在成员们进行了充分的情绪宣泄和表达后，心理辅导进入下一个阶段。

D. 症状描述期

这一阶段，干预者引导小组成员重点谈论自己在听到这个噩耗后的生理、心理症状，如睡眠、饮食、工作状态、注意力、记忆力和情绪问题等。除此之外，干预者也请组员们谈了听到这一消息后出现的不寻常体验，如有的成员就谈到："走路时听到逝者叫自己的名字，回头看时，根本没有人"；还有的人谈到："在马路上把其他人误看成是逝者"等，以上这些体验对他们的工作和生活造成了影响。

这一阶段的主要工作是使小组成员能够将自己的变化与所遭遇的创伤性事件进行联系，不断修复组员认知、情感与行为之间的联系，修复组员由领导者意外死亡带来的心理创伤，使他们能够接受领导者已经去世的事实。小组成员还讨论了外出活动时怎样规避危险，怎样做一个负责任的人等问题。

E. 辅导期

实施者针对在上述晤谈中发现的问题给予指导，首先请成员谈论参加这次晤谈的体会，从而获得一些反馈信息，对本次晤谈的效果有一个把握。所有成员都表达了对这种晤谈方式的肯定，最后从情感层面肯定了他们所谈到的所有感受，都是在得知领导者意外死亡的消息后产生的正常反应；从认知层面上他们也能接受"听到"这位领导者叫自己和"看错人"的现象，能将此看成是受到心理创伤的一种正常反应。成员们就平时接触中对这位领导者不知疲倦的工作态度进行了讨论，一致认为要珍爱生命，为自己负责，也要为家人、周围人负责。

F. 恢复期

经历了上述5个阶段，小组成员的情绪逐渐平静下来，并且也能正确认识自己及他人的反应，内心也有了成长。此时实施者对整个晤谈过程进行了总结，回答了组员们提出的问题，与他们讨论了进一步的行动计划，他们说找个时间大家一起举行一个与逝者的告别仪式，以表达自己内心的哀伤，同时也意味着他们的公益助人活动要揭开新的一页。最后每个人说一句共勉的话，结束本次CISD。

从这个案例中可以看出，小组成员对这位领导者充满爱意和依赖，他的突然意外死亡，给小组成员带来巨大的心理冲击和创伤。他们的认知、情绪和行为都受到了很大的影响。因此，及时有效的心理干预是避免急性应激障碍、创伤后应激障碍及其他不合理问题的有效手段。在1个月及6个月后的随访中干预人员发现，本案例中的成员情绪稳定，工作状态如常，没有出现任何心理问题。

(二) 丧亲儿童的游戏治疗

应用范围：危机事件后死伤者的未成年家属。

重点人群：直系亲属

(1) 案例简介。

本案例的研究者也就是治疗师，是通过沈阳市"关心下一代工程"而结识当事人的。当事人 13 - 2008 - 4 - wr1067（简称小祥）男，12岁。5 年前小祥的母亲因意外而去世。咨询者担任小祥的辅导老师在辅导小祥课业的过程中，研究者发现小祥的种种问题行为很可能来自当年的创伤所造成的后遗症，唯有通过心理治疗，才能够给予小祥真正的帮助。因此，本案例的研究者与监护人积极沟通与协调，并转以心理治疗师的身份来接触小祥，直到晤谈工作结束为止。

(2) 治疗过程。

第一阶段：建立良好的咨访关系

治疗者刚开始以辅导老师的身份来接触小祥，在辅导小祥课业的过程中，治疗者往往对小祥的行为以全面包容的态度给予同情及接纳，而非加以批判，同时也会额外准备一些故事书及轻音乐以便拉近彼此的距离。

情景一

（治疗者提醒小祥休息的时间已经过了，该继续写作业了）

小祥：没有关系，我今天都没上课。

治疗师：你今天不用上课？

小祥：不是，我今天在学校都没上课，我都在睡觉。

治疗师：那你在学校一定觉得很孤单。

小祥：对呀，无聊！

情景二

（这次治疗者带了一张轻音乐的 CD，准备要放给小祥听）

治疗师：你看，这首歌叫做《自由的呼吸》。（潜意识音乐治疗乐曲）

（接着小祥接过 CD 的封面盒）

治疗师：你下一首想听什么，你选吧！

小祥：第六首叫《母亲与婴孩》，那我听听这首好了。

（治疗者点选了第六首，与小祥一起听完）

小祥：我觉得第一首比这一首听起来还悲伤。

治疗师：哦，这样子呀，你觉得这首音乐在说什么呢？

小祥：（想了一下，约5秒钟）我知道了，就是第一首是有两只海鸥在叫，那一只是爸爸，另外一只是孩子，他迷路了，然后他们找不到妈妈了，所以才会哭得那么伤心。

情景三

（治疗者陪小祥看小恐龙探险的故事书，看到一半时……）

小祥：啊，我知道这本在说什么了，就是小恐龙的妈妈失踪了，然后，其实他妈妈已经死了，他都不知道，还是一直在森林里面找他的妈妈。后来因为仙人看到觉得太可怜了，就让小恐龙的妈妈复活。但是后来他妈妈出国了，小恐龙还是以为他妈妈死亡，后来还发现他妈妈是被陷害死的，然后就要帮他妈妈报仇。

治疗者在与小祥的平等互动中营造出安全的氛围，并让小祥时时感受到治疗者的关爱与真诚。一旦拥有安全开放的信任关系后，小祥便开始逐步打开心扉，并一点一滴地释放出压抑在内心深处已久的失落经验。

第二阶段：创伤经验的认证

因为创伤经验的回忆会给受创当事人带来莫大的恐惧及焦虑，因此，大部分受创者都会选择以回避的方式来应对。然而，对于母亲去世时还属于儿童期的小祥来说，选择不分享，并非是以逃避来处理伤痛，更重要的是因为一再变动的环境及其封闭的人际关系，使他没有宣泄的出口。因此，面对像小祥这样的孩子，只有专注地倾听并正视他的经验与痛苦，承接他的不安与焦虑，才能帮助他摆脱创伤的阴影。

情景四

小祥：姐姐，你知道吗，死后的人会在一个冰冷的屋子里，死的人会有一个号码牌，上面有写出是怎么死的，只有意外死亡的人才会在那里……（然后，小祥的爸爸从门前走过，小祥跑出去开门后没有看到爸爸，又回来坐好）

治疗师：小祥，后来呢？我还想听，你刚说到只有意外死亡的人才能进那个冰冷的屋,后来呢?

小祥:你知道火灾像什么吗?

治疗师:你说说看。

小祥:像个冲天的大火球,不知道什么时候发生。

治疗师:听着挺可怕,这样子很没有安全感。

小祥:根本没有办法预测,但我能预知到。(小祥很镇定、当真,并且瞪大眼睛)

治疗师:哦,这样啊。(认真回应)

情景五

治疗师:那你们是怎么扫墓的?

小祥:带妈妈喜欢的东西给她,每年都去,之后把东西全都烧掉。

治疗师:喔!对哦,这样妈妈就可以收得到东西了哦!

治疗师:小祥,你今年也会去扫墓吗?

小祥:会呀,去年我也有去。姐姐,你知道之前我去的时候怎么样吗?

治疗师:哦?

小祥:那时候扫墓嘛,扫墓时,我妈妈附身到我身上,然后我的声音就变得跟我妈一样,我爸爸他们后来告诉我的,他们都吓一跳,觉得怎么会跟妈妈这么像,我自己都不知道是什么事。后来我们就边扫边玩,后来,我也觉得很累,就坐在那个摇椅上,后来它就自己摇耶!

治疗师:你觉得为什么会这样呢?

小祥:就我妈呀!一定是我妈在帮我,所以才会动!

治疗师:那如果是妈妈的话,你会有什么感觉呢?

第三阶段:以游戏治疗来重演创伤经验

小祥沉重的失落与创伤经验,在治疗者全面的接纳及引导下不断地通过语言或非语言的方式加以倾诉。无论是口语的经验回溯,还是借由游戏方式的表达,都能勾起小祥内心更深层想要遗忘的经验,使小祥在逐次哀悼的过程中接受火灾所带来的创伤及亲人已死的事实。治疗者以非结构的方式和小祥进行游戏互动,也就是由治疗者扮演配合的角色,而让小祥来主导游戏的主题。

①以棉被作为媒介，进行 peek－a－boo 游戏

peek－a－boo 游戏即类似躲猫猫或是用手将脸遮住而又露出脸来逗小孩的游戏。有一阵子，棉被常常成为小祥自己决定的游戏素材，小祥喜欢用棉被将自己包裹住，透过棉被发展成为捉迷藏的变化玩法。治疗者认为小祥借由这种方式来释放对死亡的不安及焦虑，并重新从恐惧、无助中找回掌控感。

情景六

（治疗者一进入小祥的房间，就看到他用整条棉被盖住全身躺在地下，完全没有任何的身体部位露出来）

治疗师：哦，我的小朋友不见了，但是我看到地上不知道躺着什么，我摸摸看好了，看是不是能摸到他的手？（于是治疗者假装伸手去触摸小祥身上的棉被，也假装没有抓到，小祥则在棉被中咯咯笑）

治疗师：啊，没抓到，我摸摸看他的头在哪里？头比较好找。（治疗者又作势去摸，这次正确地摸到了小祥的头）

治疗师：哈哈哈，被我抓到了吧！

小祥：姐姐，不算！不然你转过去，猜我的脚在哪里？（治疗者转身开始再当鬼。之后，治疗者也邀请小祥轮流当鬼，猜躲在棉被中的那个人的手、脚等部位是藏在哪里或朝哪个方向，而身体可以在棉被中做任何的肢体变形，增加猜的难度。小祥在这个活动中，大部分都要求治疗者当鬼去抓他。由小祥的主动性，可以感觉到他很乐在其中。这个活动大约进行了 20 分钟之久）。

②以积木为素材，让小祥重新面对创伤情景，正视母亲意外死亡的结果，重新累积对生命的控制及自主的能力。

情景七

（治疗者今天带积木让小祥玩）

小祥：姐姐，你看我做的另外一个，这是棺材、坟墓。（轻笑）

治疗师：（治疗者看了一下，小祥做得蛮像的，品质不错）坟墓，恐怖哦！怎么想到要做坟墓呢？

小祥：因为，因为我妈是坐这种车。

治疗师：你是说灵车吗？

小祥：对呀，全部都是黑色的、黄色的。

治疗师：那时候在车上有什么特别的感觉吗？

小祥：什么，那时候我就在妈妈旁边，那师傅也不管我。

治疗师：那你猜，那时候你在那里，妈妈会不会有感觉？

小祥：一定会的啊！（语气开始沉重起来）

治疗者发现过了一会儿，小祥将积木重新组合，他说他这次做了两辆载有棺材的灵车及一辆救护车。此时，小祥叫治疗者将录音机关掉，之后，就开始自己玩了起来。他一面用手推，一面自己配音，配出救护车很忙碌地"哦伊哦伊"跑来跑去的声音。再后来，小祥又拼了一个巨大的坟墓和通往坟墓的楼梯，并将它们组合在一起，接着拿起一个施工工人走在那座刚搭好的楼梯上在准备前往坟墓和灵车时，（小祥利用手摇），将积木推散了一地，将所有的东西都震垮了。然后小祥再拾起玩具小工人，一样做建筑楼梯的场景，他说这次的楼梯很稳固了，然后，工人终于可以平安地走上去了。

第四阶段：告别仪式及治疗的结束。治疗者以告别仪式来帮助小祥将希望及记忆从已逝亲人身上撤离，并借此隐喻彼此的治疗关系即将结束。

情景八

治疗师：对了，小祥，我今天要做一件事情。

小祥：什么？

治疗师：快过年了呀，所以我要用画的，画钱，然后把它装在红包袋里面，烧给你的妈妈。

小祥：（沉默了一会儿）我们已经烧给他们很多了呀！

治疗师：我知道，只是过年快到了嘛，有多一点儿钱会比较好。

小祥：但这里不能啊。

治疗师：那如果我们是在外面呢？

小祥：不行，爸爸说我不能出去。

治疗师：是哦，一下子也不行吗？

小祥：对呀！

治疗师：那我画好了以后，我再帮你带回家烧。（于是治疗者拿起画笔，小祥仍是不动声色地在治疗者旁边看故事书）可是纸钞有那么多种，我要画多少钱的给妈妈？是五百、一千还是两千？

小祥：随便你。

治疗师：好呀，那我就画最多的两千好了。（治疗者简单地画好了纸钞，并在下面写上他妈妈的名字）你看，好了。

小祥：（看了一眼）你知道我妈妈的名字哦？

治疗师：知道呀，你有跟我讲过。好啦！那我要把它装在红包袋里面了。（于是治疗者就拿出事先买好的红包袋，上面有多啦A梦的图样）

小祥：哇，好可爱，我想要，给我！

治疗师：喔，好呀。

小祥：呀，你在哪里买的？

治疗师：书局。咦，那妈妈的，你觉得我要画多少钱比较好？

小祥：一兆，我妈妈超喜欢钱的好不好？

治疗师：那你帮我画一下。

（于是小祥拿起画笔画了）

治疗师：哇，完成了耶，那妈妈除了钱还需要什么？

小祥：嗯，我来画好了。（多画了镜子和梳子）。画好后，写好名字就将它折好，放入红包袋中我来烧，我回家时再烧。（于是就将红包袋放入他的书包中）

后续效果

治疗者由担任小祥的辅导老师转变为治疗师，与小祥共接触了将近一年时间。这段时间内，治疗者观察到小祥自从愿意谈论过往的记忆及伤痛后，就开始逐渐转变，不仅愿意主动协助同伴一起完成活动并独立完成自己的作业，而且也能够察觉及接纳自己阶段性的差异，不再以退化形式来应对外在的压力。

在结束治疗后，有一次治疗者无意间在街上巧遇小祥，经爸爸反馈，得知小祥开始对课业采取积极主动的态度，并且愿意接受挑战及面对成长。

此外，在教学过程中，教师可以扮演一个心理辅导员的角色，针对不同年龄阶段的儿童、青少年，可实施以下不同的心理辅导和教育方法，详见表5-1。

表 5-1 不同年龄阶段儿童与青少年心理特点及辅导方法

年龄阶段	学龄前的儿童	小学阶段的儿童	初、高中阶段的青少年
特点	此年龄段的儿童在面对身边赖以维系生存的安全世界遭到破坏后，会显得特别敏感，反应也极其脆弱，但他们通常无法有效地用语言来表达自身的需求，而期待身边亲近的大人能给予积极与适当的安慰	此阶段的儿童虽已能表达他们的经历与感受，但他们往往缺乏具体与完整陈述的能力。此外，若他们失去心爱的宠物或物品，他们难过的心情也需要作相当重视与安抚	此阶段的学生大都能充分表达他们的经验与反应，正处于同伴认同阶段。他们往往最关心别人的看法，同时认为自己是个小大人了
辅导方法	为他们提供足够的玩具、道具，鼓励他们以玩耍的方式化解在灾难中受到的创伤，灾区教师可以就地取材，不需拘泥于真实玩具，随处可见的石头、沙子、玩偶皆可替代。 多给予孩子身体的拥抱与接触，或提供相互碰触的团体游戏等。 应给孩子提供绘画经验，最好有一张大的墙报纸，让孩子在纸面上尽情表达他的感受，之后再进行团体分享。需要提醒的是，最好是画笔，而不是水彩，此时要的是鼓励孩子画出具体的东西。 孩子此时的胃口可能并不是那么好，建议以多餐少食的方式提供他们在生理与情绪上的补充。 建立儿童流动图书馆并播放一些有趣的卡通片。 告知家长，在孩子睡前要多安排一些睡前活动，以建立更高的安全感	对低年级的学生来说，安排足够的玩具、道具，特别是一些布偶，鼓励他们以玩耍的方式化解在危机事件中的经验与观察。 给孩子一面墙（贴好墙报纸），让他们在上面作画。可以给他们一些小主题，如火灾发生时，我家发生了什么事，之后可以用团体讨论的方式来陈述每个人的经验，进行情感的相互支持与激励。 让学生编故事，可以用绘画或用接龙的方式提高大家的兴趣，以便于整理与回馈。 以脑力激荡的方式，让大家来对事件发生后的身心症状进行调适，学生可以想出许多方法来解决，教师在整理后给予回馈	同学间的团体讨论让学生有机会抒发他们感受到的强烈情绪，教师应在此过程中不断向他们保证，他们所感受到的强烈情绪甚至是"疯狂想法"，在此灾难中也都是正常的。 把班上的同学分为几个小组，让他们谈谈火灾防治工作，甚至是家园重建工作，这可帮助青少年建立安全感或对灾难的支配感，也会导致他们建立社会参与的成就感。 求证对灾难的正确认识，对大自然的现象作有科学根据的了解与认识，避免听信不实的传说，以建立科学家实事求是的态度。 认识"创伤后心理重建"的意义与价值，这需要通过学校较专业的心理教师进行专题演讲，或通过对专业心理学文章的阅读讨论。 开展艺术活动，可以鼓励学生从事绘画、音乐、话剧等活动，将灾难经验转化为具有创造力的升华

辅助资料

在帮助因灾伤亡人员的亲朋好友时，应注意些什么？

（1）允许并倾听他重述事件及对逝去亲人的各种感觉。

（2）支持与接受他表达情绪和对逝者的回忆，允许他哭泣，甚至可以帮他宣泄情绪。

（3）帮助他参加各种和死去亲人告别、悼念、纪念的仪式，有利于他顺利走出悲伤哀悼的过程。

（4）多陪伴，适时给予身体的抚慰，如拥抱。

（5）他可能会出现一些反常的表现：易怒、兴奋、不安、絮叨，应保持理解和宽容的态度，最好能够在一起，以增强相互的依赖和安全感。

（6）告诉他，在灾后一段时间，出现身体和心理的反应是正常的。

（7）照顾他的生活寝食，当出现失眠、做噩梦时可以在入睡前陪他，或放点轻音乐。如果一直无法入睡，则可以考虑陪他睡觉。

（8）协助他找到支持团体或有关的社会资源，必要时寻求专业人员的帮助。

（9）如果他在火灾中伤残了：

告诉他发生了什么，鼓励他面对现实而不是对其隐瞒。

要他接受残废的事实，给予以前一样的关照，不要让他产生被歧视的感觉。

要鼓励他多与他人接触，放手让他做力所能及的事情，做完事情要给予表扬，以帮助其增强自信心，认识到自己的价值。

如何照顾父母死伤的儿童和青少年？

与成年人相比，儿童和青少年的生理和心理发展都不完善，他们正处于人生的起步阶段，自身还不具有独立生活的能力。家人，特别是父母，是他们成长过程中最大的支持和依靠。面对这突如其来的灾难，失去父母的伤痛会给他们的生理和心理带来严重的打击，未来的人生道路怎样继续？面对在灾难事故中父母受伤或丧失的儿童与青少年，我们应该——

(1) 确保他们的安全

首先确保儿童与青少年的安全，当他们感到害怕时，一定要在身边保护和安慰他们。儿童和青少年，特别容易从成年人身上寻找有关安全性和恰当行为的线索，在可能的情况下，把他们安置在表现相对镇定的成年人或同龄人附近。如果可能，避免让他们接近那些非常不安的人。

(2) 确定他们的紧急需求

由于父母在照料儿童和青少年时扮演重要角色，如果儿童、青少年与他们的照料者失散，优先做的是帮助他们尽快取得联系。尽快询问重要信息，比如他们的姓名，父母或者照料者、兄弟姐妹的名字、地址、学校等，并通报给相关的救助组织。

询问时，言语贴近儿童和青少年的发展水平，使用语言要简单易懂。

用极其简单的语言给孩子提供准确的信息，包括谁会来指导他们和下一步做什么。

不要给他们作出你可能做不到的承诺，比如保证他们很快会见到自己的照料者。

找个特殊时间与儿童和青少年一起谈谈他们的忧虑，用"成年人—成年人"的方式和他们交谈，以表达你对他们的尊重，并让他们参加适龄活动，例如听音乐、玩游戏、讲故事或制作剪贴板等。

如果孩子们已经知道自己失去了父母，一定要确保时刻有人陪伴在他们身边，尽量不让他们感到丧失后的绝望与孤独。

(3) 提供及时有效的干预

年龄的差异会让受创儿童与青少年出现各种不同的反应。他们可能大哭（不停地哭泣）或是不愿接受事实；可能表现出沉默；对告知他们噩耗的人发怒或发起攻击；无法表达他们的悲痛，并拒绝与其他人交流他们的感受。对于这样的儿童与青少年，我们的关注和干预显得尤为重要。干预时应该这样做——

要坐下来或者蹲下来和他们讲话，和孩子的眼睛齐高。

不要使用极端的言语,如"恐惧的"或者"惊骇的"等。

对于不愿意和你交谈的孩子,给他披上一件衣服,递上一条毛毯、一杯水,表示你是真的在帮助他们。

如果这些行为也遭到拒绝,要告诉他,你会留下来在他身边,或者你的助手会留在他身边,并告知他可以随时找到你,或者几分钟后你会再来看他。

如果他不愿意说话,你只需要待在他的身边(注意保持适当的即离),不要尝试要与他对话,因为这可能会导致他们在认知或情感上的超负荷。

对于情绪异常激动的孩子,一些转移注意力的活动会比谈话更容易让他们恢复平静,如绘画、听音乐、阅读等。

对于一些可能希望独处的儿童与青少年,如果足够安全,请为他们提供一些不受干扰的独处空间。

对于这些体会到极大的丧失感的儿童与青少年来说,这样的丧失是没有办法替代的。怎样重建他们的社会支持会变得十分重要。对于此类儿童可以做的是尽可能通过各种方式和渠道,协助其找到其他亲人或照料者,让他们重新找回归属感。如果他们丧失了所有的亲人,则应考虑帮助他们在自己与亲人间建立起某种心灵上的联系。这一过程应以学校为基点,以学习为中心,要通过系列的活动再现、重新找回孩子们在灾难前的身份,并稳定儿童与青少年的情绪,帮助孩子们重建美丽的心灵家园。

(4)长期有效的帮助

对于那些长时间无法走出心理困境的孩子,应动员他们求助专业心理工作者。对丧失父母的儿童与青少年来说,照顾他们的工作还要靠福利机构来完成。

如何照顾亲人死伤的成年人?

成年人扮演多重社会角色,他们可能既是父母的孩子,又是孩子的父母;他们承担着更多的家庭、社会责任。由于成年人是整个人群中的中坚力量,所以他们在承受失去亲人的同时,还必须保护好身边的孩子和老人。或许他们没有时间顾及自己的伤痛,而是强忍着伤痛忘我照顾他人。对于他们我们应该做到——

(1) 确保他们的安全

丧失了亲人，当事人会有悲伤、痛苦、愤怒、指责和内疚等各种各样强烈的情绪反应，出现无法控制的哭喊、精神动摇或退化行为，出现无法控制的生理反应，出现狂乱的搜索行为，焦躁不安。这个时候，要做的是切实保证他们身体安全，照顾他们生活上的需要，询问他们生活上现在需要的东西。

(2) 提供及时有效的干预

在实施干预时，应针对他们最重要、最直接的顾虑或困难，而不是简单地说服他们"平静下来"或要其"感到安全"。你可能需要将承受痛苦者带到一个安静的地方，或者在他家人和朋友的陪护下与他轻声交谈。除此之外，保护他们免受不必要的额外精神伤害以及痛苦回忆也同样重要，其中包括眼见、耳听那些可能引起恐惧的事物。

(3) 长期有效的帮助

告知他们，他们很可能会持续经验到悲痛、孤独和愤怒。如果他们持续体验到悲痛或抑郁，并影响到他们的日常生活时，应与擅长处理创伤的心理学专业人员联系。

如何照顾亲人死伤的老年人？

老年人既有力量，也很脆弱，生活中的经历积累了很多经验能够应对不幸的能力。但也正是由于年龄的原因，很多老年人在生理机能上有所衰退，比如视力、听力下降，腿脚不方便，或者身体上本身有各种各样的疾病等；心理机能方面也会表现出一些衰退，例如记忆力的下降、思维能力的下降。人格方面也会出现一些变化，例如感到不安全、孤独、适应性差、拘泥刻板、喜欢回忆往事，等等。

(1) 确保他们的安全

首先是让他们处于安全的环境当中，而且要照顾好他们的饮食起居。他们的行动不便，听力、视力也有所下降，因此需要询问他们目前的身体状况，是否正在服药等。同时，在与他们说话的时候，要确保他们能够听见、听懂，耐心地了解他们的需求。

其次，要尽快地让失去亲人的老年人的生活得到妥善的安置。应该尽快联系老年人的家人，让老年人尽快回到亲人身边。

（2）长期有效的帮助

确保老人生活得到良好的安置，心理随访在之后定期开展。

当受助者得知亲人在火灾中伤亡的消息情绪过于悲伤时怎么办？

对过于悲伤的求助者，我们可以说——

对于你所经历的痛苦和危险，我感到很难过。

在面临如此重大的灾难时，你有这样的感觉很正常，但这并不表示你心理有问题，每个有类似经历的人都可能会有这样的反应，这并没有什么不好。

你一定会感到这些痛苦无法忘记，对你来说一定很难面对。

哭泣是疏通、减轻悲痛的好方法，你有权利悲伤和哭泣，不要去克制、压抑和隐藏，虽然我们并未亲身经历你的不幸，但是我们仍会陪伴你，和你一起共渡难关。

此刻你只要体会这种感受就行，稍后再来学习如何处理它们。

把悲痛诉说出来，这样会让你感到比较好过，也可以帮助你的心灵更快恢复。

过一阵子你就会知道，你不会永远停留在这些感觉里的。

当你体会到自己过于悲伤的感觉之后，重要的是去表达它们，例如向家人、朋友或相关人员表达出来，但不要因此去伤害自己与他人。

事情不会总是这样的，它会好起来的，而你也会好起来的。

也许你还在挣扎，仍不相信悲剧已经发生在你身上，但是它已经真实地发生了。你能够尝试着面对和接受这么巨大的悲伤，你做得很好，很了不起。

只要它不变成慢性的自怜或自伤，暂时的悲伤是有帮助的。

当受助者得知亲人在火灾中伤亡的消息情绪过于愤怒时怎么办？

当受助者正处于愤怒的情绪，我们可以尝试以下一些疏通方法。

（1）你有这样的感觉是很正常的，每个人在面对失落时都会觉得愤怒，或者至少应该会愤怒。

（2）你的狂怒和生气都是正常、自然的，而且是有必要的，你没有疯。

（3）你可以对大自然、命运、运气、不公平、目前所处的环境等感到生气。

（4）身体或语言的攻击可以宣泄愤怒，但不要伤害到自己和那些帮助我们的人。

（5）当你复原后，你会发现愤怒也消失了。

另外，帮助求助者认识到愤怒的情绪是很正常的后，还需要帮助他们用健康的途径来发泄愤怒，这样能避免无谓的争辩、意外伤害和疾病。例如可以鼓励求助者与别人谈论自己的愤怒，尝试通过打枕头、大叫、出去跑两圈或者写日记等方式来宣泄自己的愤怒情绪。

当受助者得知亲人在火灾中伤亡时情绪过于自责时怎么办？

（1）要让受助者明白，对逝去者怀有自责感、罪恶感都是正常、自然而且必要的。

（2）可以试着让自责感就留在那儿。

（3）使受助者相信这不是自己的错。

（4）鼓励受助者向他人倾诉自己的自责感。

（5）要明白自责过久是有害的，可能会阻碍自己的康复。

当受助者得知亲人在火灾中伤亡的消息情绪过于激动时怎么办？

过于激动的情绪会影响到受助者的身体状况，在给予心理援助时具体措施如下。

（1）应该考虑的两个问题。

此人是独自生活还是有家人、朋友陪伴？如果他的家人和朋友还在，你可以考虑在他的家人和朋友的陪伴下与他轻声交谈；否则应将其列入需要安抚者的名单中，你可能需要将承受痛苦者带到一个安静的地方，帮助他稳定情绪。

此人有着怎样的体验？他恐惧吗？他正经历着往事重现或是想象着某件事正在重新发生吗？明确并针对此人现在存在的问题，才有可能找到让他不再激动的方法。

（2）对于儿童和青少年，他们是不是和成年人在一起，如果有成年人陪伴，首先稳定成年人的情绪。如果不是，可以先给他们几分钟平静情绪的时间再使用心理学的技术。

（3）对于受助者帮他们理解自己的反应是正常的，这种经历使其产生了此种反应，反应将会呈波浪式的产生和消失。

帮助他们明白朋友和家人是帮自己平静下来的很重要的因素，如果愿意和朋友或家人说说会让自己的感觉好一些。

如果受助者是孤立的，并且持续不能平静下来，可以让他听你说话，并看着你。问他是否知道自己在什么地方，现在正在发生什么，并让他描述周围的环境。

对于稍微可以平静下来的受助者你一可以使用放松技术，让他们放松，不要那么紧张和激动。

如果受助者的情绪激动有对己对人造成危害或是精神错乱的可能，可以考虑找周围的精神科医生对他进行一些辅助的药物治疗。

离开时要告知受助者，情绪特别激动的情况下不要轻易作出什么决定，那样是很危险的，如果受助者觉得需要联系，应留下联系方式。

当受助者得知亲人在火灾中伤亡的消息情绪过于恐惧时怎么办？

（1）有可能会做噩梦，或许会害怕不确定的未来，害怕灾难会再发生，不知道明天会发生什么事，这些都是很自然的反应。

（2）明白害怕能有效地帮助我们避开真正的危险。

（3）尽可能保证睡眠与休息。

（4）应当保证基本饮食，食物和营养是战胜疾病、创伤和康复的保证。

（5）多与家人和朋友在一起，与他们多交流、沟通，有任何的需要，一定要向他们及相关人员表达，让恐惧情绪得到合理的宣泄，大胆说出自己的恐慌，与他人分享害怕的感受。

（6）可以试着重复告诉自己。"大难已过"，做呼吸运动，例如先做一个深呼吸，再慢慢吐气，重复做几次，让自己慢慢平静下来。

(7) 还可以双手交叉轻拍双肩，右手拍左肩，左手拍右肩，这个姿势也正好能拥抱自己，是爱惜自己的一种心理暗示。

(8) 尽量不要让受助者持续重复接触那些灾难的画面、场景、电视直播等，避免受到二次伤害。

三、火灾一线救援人员心理危机干预方案及应用模式

消防部队经常面对着复杂、危险的灾难场面，客观环境的复杂性和多变性，形成了对消防作战人员的多种复合刺激，其反应与个人的行为和心理素质有很大关系。针对上述情况，通过不断地摸索和测试，我们逐渐制定了一套心理应激预防干预方案。此方案主要是以事先预防为主，并配合火灾和救援过程中以及完成火灾扑救和救援后出现的应激心理反应，不断完善和改进。具体实施方案如下。

应用范围：现场救援人员，事件发生前的预防性援助和事后的干预性研究。

重点人群：消防等现场救援人员群体。

心理援助过程与方法

（一）预防性危机干预方案

1. 消防心理行为训练

对一线救援人员心理危机干预应以预防性危机干预为主要手段，本方案以心理行为训练为核心技术进行了对消防官兵在应对火灾时出现的心理应激反应数据的采集、测试和干预方案的制订与实施。

心理行为训练是一种通过行为的训练来提高被训者心理素质的训练方式。心理行为训练与其他训练的主要区别在于它所有的训练内容都蕴含着心理教育和心理素质培养的目的。因此，这样的训练，既是技能的磨炼，更是勇气和胆量的历练。

消防员心理行为训练是根据应用行为心理学、认知心理学和体育心理学等学科的基本原理，借助身体训练手段，用于提高人的基础心

理素质和心理健康水平的训练课程。以"个人成长突破、团队沟通协作"为宗旨,力求结合实际工作,利用专业的器材和情景模拟,采用体验式培训方式,将团体心理训练、体能训练、军事训练内容融为一体,通过丰富多样的心理行为训练项目促进参训人员的认知领悟和行为改变,培训和改善参训人员的心理素质与行为习惯。空中项目多以"挑战自我、超越极限"为目标,利用大型的空中训练器材和高难度的技能训练,通过反复训练使受训消防员养成良好的行为应对模式和认知模式,让受训消防员在特定的情境中去体验心理上的变化,培养消防战士无所畏惧、勇往直前的军人品质。具体实施内容如下。

(1)攀岩:挑战极限,高空心理稳定性及动作敏捷性。

图5-1 攀岩训练

(2)绝壁逢生:永不言弃、克服恐惧心理,锻炼队员的身体协调性和动作敏捷性。

图5-2 绝壁逢生训练

（3）乘风破浪：又名"翘板桥"，提高队员在高压下解决问题的能力，锻炼队员对自身的控制能力。

图5-3 乘风破浪训练

（4）勇闯天堑：又名"高空荡木"，训练高空状态下身体协调性及动作敏捷性。

图5-4 勇闯天堑训练

（5）步步登高：又名"软梯"，训练队员的协调性及攀登能力。

图5-5 步步登高训练

(6) 攀峰越险：通过高空绳索控制，增强上肢和下肢的协调能力。

图5-6 攀峰越险训练

(7) 高空断桥：凌空跨越锻炼了消防员在高空时的心理稳定性，克服恐惧心理，锻炼队员的身体协调性和动作敏捷性。

图5-7 高空断桥训练

(8) 飞夺泸定桥："泸定桥"上需要控制心态，保持持续稳定的情绪，挖掘潜力，挑战意志力。

图5-8 飞夺泸定桥训练

（9）巨人梯：勇攀高峰的同时培养团队间的协作能力，锻炼队员的身体协调性和攀登能力。

图 5-9　巨人梯训练

（10）天使之手：培养动态平衡能力和灵活协调的技巧。

图 5-10　天使之手训练

（11）合力制胜：又名"合力过桥"或"龙绳"，培养团队间相互协作的合作意识，提高战胜自我的能力。

图 5-11　合力制胜训练

(12) 生死依存：提高整体协作和协调能力，打造成功心智，建立人际关系，加强交流。

图 5-12　生死依存训练

(13) 高空抓杠：培养用积极的心态去争取和获得机会，挑战自我，激发潜能。

图 5-13　高空抓杠训练

(14) 胜利墙：合力冲击，增强团队意识和责任心，激励个人对团队的奉献精神。

图 5-14　胜利墙训练

（15）信任背摔：信任考验，克服活动过程中的恐惧，增强团队成员依赖感。

图 5-15　信任背摔训练

（16）生死电网：模拟电网，培养团队计划的能力及团队精、神；寻求简便有效解决问题的方法。

图 5-16　生死电网训练

通过以上消防官兵心理行为训练，最终使官兵达到以下目标。

（1）智力测试正常：有敏锐的观察能力、快速的记忆能力、丰富的想象能力、敏捷的思维能力和熟练的操作能力。

（2）人际关系和谐：人与人交往，能够接受他人，悦纳他人，能以尊重、信任、友爱、宽容、理解的态度与人相处，能分享、接受、给予爱和友谊，与集体保持协调关系，能与他人同心协力，合作共事，乐于助人。

（3）情绪积极稳定：在生活中能保持愉快、乐观、开朗、满意等积极情绪，出现消极情绪时，能自我调节，有适度表达和控制情绪的能力。

(4) 意志品质健全：在学习、训练、值勤、战备等任务中不畏困难和挫折，知难而上，持之以恒；需要作出决定时，能毫不犹豫，当机立断；还能为了达到目的而控制一时的感情冲动，约束自己的言行。

(5) 自我意识正确：能体验到自己存在的价值，了解自己，又接受自己，有自知之明，对自己的能力、性格和优缺点都能作出恰当的、客观的评价；即使对自己无法补救的缺陷，也能安然处之。

(6) 个性结构完整：有坚定的信仰、稳定的个性特征，行为表里如一，兴趣爱好广泛。

(7) 环境结构良好：能适应环境的不断发展变化，能面对客观现实，能主动解决自身与环境要求之间的冲突。

2. 火场模拟实战中心理活动研究

通过在日常训练中组织火场模拟实战演练，设计复杂和多变的客观环境，模拟高温、浓烟、高噪声等场景，观察统计消防队员在复杂环境下的心理活动，形成的感知能力下降，思维和应变力不强，造成救灾、灭火技术水平不能够正常发挥等数据，同时结合在实际火场作战中的各种心理感知能力和不良心理应激反应情况，合理安排适当的适应性训练，从而达到强化培训官兵心理素质，不断提高消防员在特殊环境下处置灾害事故的心理承受能力，以及在复杂和多变的客观环境中稳定地发挥技战术水平的目的。

科目1：高温浓烟训练

在高温浓烟训练室内模拟灾难现场的高温、浓烟、噪音、爆炸声、光闪、火光等环境，训练指战员的体能素质和心理素质，提高指战员处理各种灾难的适应能力。

图 5-17　高温浓烟训练

科目2：停尸房练胆

为了提高攻坚集训队攻坚救援能力,此项训练要求官兵进入停有100具尸体的太平间,并要求大家在有胆量的前提下,与尸体直接接触,完成预定的训练任务。这个训练科目是为了贴近实战,使官兵拥有在特殊环境下处置灾害事故的心理承受能力。

科目3:墓地搜救

通过"墓地搜救"的科目使官兵们进一步提高在现场的心理承受能力。"墓地搜索"是心理应激实战培训必须进行的一种夜间胆识训练。方法是让攻坚组夜间到指定的大片墓地,定点找物(人)。

以上三个实地模拟演练科目,大大增强了参训人员的心理承受能力和适应能力,使之不为恐惧威慑而屈,不为"大场面"而退,具有"泰山崩于前而不变,麋鹿兴于左而不瞬"的坚定心理防线,达到了预期的效果。

(二)经历影响较大的火灾刺激后的治疗性干预方案

针对火灾过后个体具体反应情况还可针对其生理、心理和行为反应提供相应的火灾救援后危机干预技术,具体实施步骤参考上文测评和咨询技术。提供如下方案作为参考。

1. 技术破冰

由于对心理危机干预知识的相对欠缺,部分一线救援人员有可能在接受帮助的初期表现出不理解、不相信、不配合的情况。这种阻抗通常产生的原因可能为:首先,亲历危机事件,承认自己有应激反应,内心可能会有耻辱感;其次,对心理学有刻板印象,觉得只有那些严重心理问题者才需要接受心理帮助;最后,一些人对心理学将信将疑,甚至不相信心理学对他们有什么帮助。这些特点在军队体现得较为明显。官兵群体有其自身特殊的职业特点,即那种职业本身带给他们的英雄感和荣誉感,使他们对心理学帮助产生职业性阻抗。所以,干预者在对一线救援人员进行心理危机干预时,首先要解决的一个关键问题就是能否运用一些专业技术消除一线救援人员的职业阻抗。

技术破冰主要是以小组工作的形式,人数一般限制在5人左右,通过以下几方面的工作来达到技术破冰的目的。

2. 心理反应正常化教育

通过专业知识的传递与分享及正常化的心理教育，引起他们的共鸣及接纳自身的心理应激反应。例如，告诉救援人员，人在这种异乎寻常的情景下通常会有哪些反应。然后，告诉他们，一个正常的个体在灾难中一定会有各种反应，这是非常正常的，只是程度有差异而已；如果你没有任何反应，我们反而表示担忧。通过这样的反馈，会在很大程度上降低被干预者由于心理知识的匮乏而造成的对自己心理反应的恐慌。

3. 技术破冰程序

明确说明干预者能为一线救援人员提供哪些帮助，以及这些帮助的科学原理，激发他们的求助愿望；通过向一线救援人员介绍心理危机干预的具体工作方法、技术手段，促使他们认同干预者的专业性，加强相互信任，从而愿意接受专业的帮助。例如，告诉救援人员："大脑中反复出现的那些影响睡眠、食欲的恐怖画面虽然属于常见的心理反应，但是如果不及时处理，就有可能使一些问题长期化和复杂化。而我们有能力在短时间内帮助大家缓解或消除这些问题，最大限度地降低未来创伤后应激障碍发生的概率。"通过对系列专业技术实效性的诠释，可以消除职业阻抗，达到破冰的最终目标。

4. 负性情绪处理技术

在完成破冰后，干预者和救援人员可以在原地，采用负性情绪处理技术来宣泄负性情绪。常规的CISD技术侧重事实描述和症状表达，不做症状处理。而在灾难心理危机干预现场，某些急性期的症状需要得到及时控制和处理使被干预者安全渡过心理危机期，预防PTSD的发生。负性情绪处理技术借鉴了CISD及叙事治疗两大技术，不仅重视情绪宣泄，更是强调对负性情绪的处理，操作清晰流畅，在近几次心理危机干预中都证明了其明显的效果。操作流程如下——

负性情绪处理技术以小组方式开展工作，一般由两名干预者参与主持工作，一人做主干预者，一人做副手。主干预者介绍工作目的、开展工作、提出要求等；副手配合完成，全面观察场面，帮助主干预者控制场面及干预进程，及时地补充主干预者表达不充分的部分。被干预者随机发言，不做强制发言的要求，某人在表达时，其他人认真倾听。被干预者一般控制在 5 人左右，每人发言时间一般在 30～40 分钟。

第一阶段：负性情绪处理

鼓励被干预者对他们的创伤经历或者是具体的创伤情景进行表达和宣泄，这一过程将完成被干预者对创伤体验的整合。救援人员在灾难救助过程中会有很多难忘的经历。所以在鼓励被干预者表达时，干预者要引导他们重点描述那些让他们有痛苦体验的经历。很多救援人员的经历往往以大量闯入性的刺激画面的形式保留在大脑中。所以，在表达时，可以让救援人员结合他们的创伤经历，有重点地描述那些强刺激性画面，画面的描述要求清晰、具体。此外，需要重点强调一点，纯粹叙事性的表达是没有干预效果的，有时反而会造成二次伤害。所以，在表达过程中，鼓励被干预者表达创伤经历及刺激画面所诱发的痛苦情绪，使其负性情绪得以外化就显得非常关键，负性情绪的表达要求准确、充分。

负性情绪处理是一个创伤经历表达及负性情绪宣泄的过程，可以将它描述为"语言加泪水"。在这个过程中，干预者可以对每个被干预者的创伤症状进行评估，并筛查出创伤程度比较严重的个体，以便随后进行个体干预。

第二阶段：传授放松技巧

干预者向救援人员简要介绍放松原理及常用的放松方法，如呼吸放松被证明是一种简捷、有效、操作简单的方法。具体操作方法见常用技术介绍。

放松效果：转移了注意力，放松了大脑神经，稳定了情绪。

通过放松训练达到了三个目的：一是对第一阶段的干预进行进一步的整合；二是平复了在第一阶段暴露创伤时造成的紧张情绪；三是让被干预者习得对抗焦虑紧张等情绪反应的技能，鼓励他们依靠自身力量缓解一些一般性的心理反应。

第三阶段：正性资源替代

仅仅对负性情绪进行处理是不够的。干预者还需要针对救援者所经历的事件进行引导，让其挖掘自身资源，找到能让他感动的、感受到人性光辉的带给他温暖和有力量感的画面或事件，同时体验与这些温暖画面相联系的正性情感；使其对创伤记忆的认知和体验更加积极，以完成正性资源对负性情感的部分替代，从而达到负性情感与正性情感之间的平衡。

通过上述三个阶段，达到对被干预者初步干预的目的，有些症状较轻的个体经过这个过程已经初见成效。接下来再通过适合他们的一些干预措施，对那些筛选出症状较为严重的个体将以个体治疗的方式做进一步的干预。

5. 生物反馈调适技术

（1）目标人群。

生物反馈调适技术主要针对没有明显闪回、失眠症状，但感到紧张、焦虑、疲劳的个体或团体。

（2）干预目标。

放松僵硬的肌肉、释放紧张焦虑的情绪、缓解精神压力，让被干预者习得放松、情绪稳定性控制等技能。

（3）干预措施。

利用压力与情绪管理系统进行人机互动式自主调节与训练。在舒缓的音乐中，被干预者可以在标准指导语的引导下完成呼吸、肌肉、想象等放松训练；在轻松友好的虚拟情景中，在多种生理指标的监控、反馈之下，被干预者可以体察自己情绪的变化，习得自主调节情绪的技能，缓解不适，达到减压的目的。

通过压力与情绪管理系统的调适，那些创伤症状较轻的救援人员不仅能够进一步缓解紧张、焦虑的情绪，巩固负性情绪处理的干预效果，而且会在这种自主调适的过程中增加很多积极的情绪体验，丰富内心的正性力量，以对抗今后的危机与挫折。

6. 图片-负性情绪打包处理技术

对于那些因经历灾难事件有明显心理痛苦，表现出明显急性应激反应（如强迫性的闪回、反复体验创伤情景、睡眠饮食受到严重影响等）的个体，可采用图片-负性情绪打包处理技术来处理症状。在创伤治疗领域常用的眼动脱敏再加工技术（EMDR）已被大量研究证明对治疗 PTSD 有良好的效果，但此项技术在创伤事件发生后的急性期的使用还鲜见报道。有关专家在 CISD 和眼动脱敏再加工基础上通过各类情景设置进行大量的实验论证，最终形成图片－负性情绪打包处理技术。研究结果表明，该技术能够有针对性地处理急性期容易诱发未来发生 PTSD 的核心症状闪回、创伤体验等症状，最大限度地降低被干预者未来 PTSD 的发生率。

（1）干预目标。

短期目标：处理创伤性闯入画面，消除与之相联的负性情绪及诸如失眠和食欲不振等躯体反应，恢复心理平衡。

长期目标：预防未来 PTSD 的发生。

（2）干预措施。

任何干预技术在实施之前都要和被干预者建立信任度良好的沟通关系，建立积极的治疗联盟。仅仅依靠技术去干预，显得太生硬和刻板，也不容易让被干预者产生积极配合的动力，最终的治疗效果自然不会太好。所以，例如共情、倾听、建立安全关系等基本的心理危机干预的基本技能在心理危机干预中同样非常关键。下面介绍图片－负性情绪打包处理技术的具体操作流程。

①图片－负性情绪联结。各种灾难场景往往以图片的形式出现在被干预者的大脑中，这些图片会引起很多的情绪反应，如恐惧、紧张、悲伤、内疚等。让被干预者想象在"负性情绪处理"时表达的各种创伤场景，以图片的方式进行描述，然后准确体验每个图片背后的情绪，逐个将图片和情绪一一对应联结。

②功能分析、图片分离。对大脑中的图片进行功能分析，有些图片是纯负性的刺激，如分离的残肢、变形的躯体等，这些图片是负性资源，保留无益；有些图片是正性的，可以作为成长资源利用的，建议保留；此外，同一幅图片，有可能既有负性部分也有正性部分，这时候要进行细致的功能分析，谨慎地切割分离。有些图片尽管是负性的，但被干预者将其看成自身重要的人生经历而愿意保留，此时，我们要尊重被干预者的意愿，从长期看来，这种资源对被干预者是有利的。所以，在功能分析时，不仅要从专业角度来分析其功能是负性还是正性的，而且更应询问被干预者处理某个画面的意愿。

③图片-负性情绪打包。通过功能分析,干预者和被干预者已经找到了共同的工作目标,即被干预者反复闯入的刺激性的负性图片,而且,这个图片是被干预者非常想处理的。接下来,要求被干预者把注意力集中在大脑中出现频率最高、且能引起强烈痛苦体验的刺激画面上,让被干预者通过表达或体验与之相联的负性情绪,从而完成负性情绪与图片的粘合和打包过程。

④快速眼动技术。利用快速眼动技术,修通受损的大脑神经通路,阻断创伤记忆与痛苦情感之间的联系。眼动时可以用手或借助其他物件,但要注意移动的距离、频率及幅度。每次眼动后,被干预者需要进行放松情绪状况的评估,并询问被干预者头脑中刺激图片的变化情况。

⑤温暖画面与正性理念的植入。利用其自身资源,让被干预者找到一个替代性的温暖画面,该画面可以带给他力量。接下来,干预者对其进行正性理念的引导、植入,使其对创伤体验的认知更加积极。之后,干预者对被干预者进行评估。例如,可以询问其感受,观察其面部表情的变化等指标,以达到预期效果,结束此次干预。

(3)注意事项。在干预过程中,根据被干预者的需要,干预者要随时进行放松与评估。此外,如果能将整个干预过程进行细化的记录和档案保存,就不仅能够提高干预者的实践水平,积累经验,也有利于提高心理危机干预工作的科学性。

实践操作案例:

下面针对个案相关实践干预过程描述如下:个案"我本应该——"(个案对象9-2011-4-jxg1035,简称小肖)

(1)关于小肖的诊断。

小肖,18岁。他好长一段时间请病假了,连长鼓励他去做一个诊断。我们通过信件与小肖取得了联系。访谈中,我们发现他的主要问题是经常做噩梦,频次大约为每周三次,内容大致为6个月之前发生的事故,每次醒来都汗流浃背、毛骨悚然、口干舌燥。平日里,他的脾气也变得特别暴躁。他说他本应该解救更多的人,为此感到万分愧疚。因为心浮气躁,他向单位请了病假。

(2)心理减负的日子。

第一阶段

我们请小肖参与做了临床测查,以初步评估症状的程度。当我们问他如何看待自己没有救出更多的工人这一现实时,他异常坚定地说"我本应该做更多的事情解救他"。我们在白板上用饼状图检验了他的这一不合理信念,让小肖一一列举影响事故发生的各项因素,如人为的、客观的,等等,然后以百分比标明各自对事故的影响程度。我们建议小肖把他自己放在列表因素的最后一项。正像期待的那样,小肖客观地回顾了事件的始末,并且把自己的责任改为了10%。

第二阶段

小肖拿到了抗抑郁药,并且开始服用,没有什么消极反应。同时让其接受眼动心身重建治疗,效果极其显著,消极感受立即从开始的"8"降到量表上的"1"。我们建议他回家之后随时记录自己的闯入性记忆。

第三阶段

小肖和另一战友(19岁),两人约定平时讨论自身治疗情况。例如他报告了以事故为内容的两个噩梦,随后心情非常放松,如释重负。

第四阶段

小肖又收到了一个月的病假通知。他说上周自己没有做噩梦,心情也明朗了好多。他不再随便发火,与其他人的关系也越来越亲密。由于他不再出现闪回,情绪得到了极大好转,所以他不必再进行集中治疗了,只是约定一月进行一次复查。

1个月后的追踪反馈——

小肖两周之前就已经想好返回岗位的时间,并连续一月症状没有复发。我们对他又进行了一次临床测查,结果发现停止治疗之后,他的情况一直在渐渐好转,但我们仍然提醒他回家后要继续锻炼身体,积极参加各项活动。

3个月之后的追踪反馈——

在3个月内,一直没有出现闪回,他还打算和原来救援工厂的工人聚一下,相互认识。他坚持每天锻炼,与周围人的关系也趋于正常,我们对小肖进行了最后一次测查,小肖不用再接受复查了。

其干预前后三项指标差异分析如下——

表5-2 三维指标干预前后差异分析表

维度\变量	专业	平均数	标准差	T	Sig. (2-tailed)
情绪	干预前期	8	1.41	0.11	0.000
	干预之后	3.2	0.53		
行为	干预前期	8	1.36	0.20	0.015
	干预之后	3.1	0.81		
认知	干预前期	9	1.89	2.01	0.134
	干预之后	7.2	1.32		

通过统计结果可以看出，相关干预对情绪和行为指标影响显著。

辅助资料

为什么救援人员也会出现心理反应？

救援人员不但要处理火灾中大量危险、艰巨而繁重的救援工作，而且还会面对惨烈的场面，他们常处于心理危机的边缘，因此才反容易受到心理冲击，出现一些心理反应，如过于主动地承担过多的工作而导致心力、体力消耗过大，过度疲劳甚至机体衰竭；为不能及时营救出更多的人而产生内疚感、无助感；以及在救援工作结束后的一段时间内出现和受灾人员相似的反应，如过度抑郁、不安、恐惧、情绪低落、反应迟缓、自责内疚、情感麻木、悲观绝望等。这些情绪如果不能及时得到宣泄，可能逐渐显现为心理问题，导致一系列的身心障碍甚至精神崩溃，因此救援的人员也需要心理支持。

救援人员常常会有哪些心理反应？

（1）心理和情绪上

感觉像英雄，不会受伤

否认灾害发生，面无表情

焦虑和害怕，担心自己会崩溃或无法控制自己

担心自己和他人的安全

悲伤、哀悼、忧郁、闷闷不乐

经常出现恼人的梦

罪恶感或"幸存者的罪恶感"

与幸存者同感，过度地为受灾者的惨痛遭遇而感到悲伤、忧郁
易激动、坐立不安
觉得无助、孤单、失落或被抛弃
(2) 认知上
记忆力出现问题
失去方向感
迷惑
思考和理解能力变弱
计算、安排优先级、作决定上有困难
注意力不集中
注意力集中的时间很短
判断问题失去客观性
无法停止不想灾难的事
责怪自己
(3) 行为上
活动量减少
效率和效能降低
难以沟通（表达失能）
幽默的使用增加
阵发的愤怒、争吵的频率很高
无法休息或"放下"
改变饮食习惯
改变睡眠模式
间歇的哭泣
改变亲密关系和性欲模式
改变工作表现
社交退缩、安静
对环境安全性十分警觉
避免触发记忆的活动或地方
易发生意外

喝酒、抽烟或吃药的量比平时多很多

（4）人际间

与他人交流不畅

情感迟钝

失去对公平、善恶的信念，愤世嫉俗

对自己经历的一切感到麻木与困惑

因心力交瘁、筋疲力尽而觉得生气，例如对周围人、政府官员、媒体感到愤怒

感到不够安全

缺乏自制力，愤怒，缺乏耐心，与他人关系紧张

失去信任感

（5）职业困扰

耗竭感

怀疑自己的职业选择

绝望

感到软弱、内疚和羞耻，感到自己的问题与受灾者相比微不足道

觉得自己本可以做得更好、做得更多，因而产生罪恶感，怀疑自己是否已经尽力

对于自己也需要接受帮助觉得尴尬

救援人员需要医疗评估的心理反应有哪些？

抑郁

绝望、无望、悲观、消极、自杀意念（感到生活没有意义）

负性的世界印象：悲观、愤世嫉俗

严重焦虑

情感冷漠、麻木，社交退缩

幻觉

做噩梦、持续失眠

情绪起伏并难以控制

过分自责、内疚

过分警觉（惊跳反应）

对危险的感觉改变了

药物、酒精和催眠法的过度应用

救援人员常常会有哪些生理反应?

体能耗尽（极度疲乏）

没有精力、易疲倦

心跳、呼吸加快

呼吸困难

血压上升

胃不舒服，恶心，腹泻

食欲改变，体重下降或上升

肌肉抽动、发抖（手、嘴唇）或抽筋，无法放松

过度的惊跳反应

视力变差

感觉不协调

听力迟钝

肌肉疼痛（包括头、颈、背痛）

喉咙及胸部有梗塞感

晕眩、头昏眼花

盗汗或发冷

月经周期改变

性欲改变

对感染的抵抗力降低

过敏和关节炎突然发作

掉头发

救援人员需要医疗评估的生理反应有哪些?

胸痛

心跳不规律

呼吸困难

昏厥或晕眩

体力不支倒

血压持续偏高

身体部分麻木或瘫痪

过度脱水

便血

救援人员应如何保护自己?

(1) 学会自我照顾

确保获得休息、饮食、支持、表达

获得足够的锻炼、营养、放松

工作时尝试使用简短的放松方法

对个人的局限和自己的需要保持觉知

识别自己的饥饿、生气、孤独或疲劳,及时采取相应的措施满足需要

有意识地增加带有积极色彩的活动

学会释放压力

限制咖啡因、酒精、烟草、药物的使用

巩固和完善自身的社会支持系统,与家人和朋友保持联系

同事间相互支持,适时地将自己的感觉和救灾的经验与同事讨论和分享(如果可能,每天找机会与救援人员一起分享自己的情绪感受)

不管是否有胃口,要定时定量地饮食

避免不必要的伤害(如果可能,尽量不去其他灾难的现场)

注意休息(不要总和受害者或幸存者待在一起,每天必须有与救援者单独在一起的时间)

找到表达自己的方法考虑如何更好地说出自己遇到的情况、自己的工作及工作中遇到的困难

与同伴相互鼓励、打气,相互肯定,绝不要相互指责

允许自己有一丝负面的情绪,并表达和疏泄出来

(2) 救助者应当避免卷入

在没有同事的情况下独自延长工作时间

昼夜不停工作,很少休息

消极地自我暗示，强化失败和无能的情绪
过度使用食物或药物作为支持

(3) 自我照顾的常见误区
花时间休息是自私的
其他人昼夜不停地工作，我也该如此
幸存者的需要比救助者的需要更重要
我可以通过一直工作最大限度地奉献
只有我能做……

如何面对自己的羞愧感与内疚感？

救灾中救援人员承担大量而艰巨的救援工作，目睹过多的伤亡惨状，对火灾受害者充满同情，感觉自己责任重大；同时在救援过程中可能会遇到各种问题，如疲劳、紧张、害怕等，体力消耗过大，产生疲乏，常常会为不能及时营救出受困者而产生内疚感。但这种内疚是非理性的，实际上，没有任何人可以预测灾难发生的时间与强度，也没有人知道最终到底会有多少人获救。严重的内疚感会耗竭救援人员的精力，甚至导致救援人员出现一些更为严重的心理障碍。因此，救援人员需要正确对待自己的羞愧感与内疚感，减少它们对自身心理世界所造成的伤害。救援人员可以采取下列方法缓解严重的羞愧感与内疚感。

(1) 完善自身的社会支持系统

社会支持系统一般包括家人、亲属、战友、朋友等。平时我们每个人的生活都需要社会支持系统，在突发事件出现后，我们就更加需要和依赖良好而完善的社会支持系统了。

(2) 与其他救援者保持良好关系，相互肯定、支持和鼓励

客观面对后期现场搜索救援的结果，尽量找机会倾诉自己的负面情绪，与朋友、同事的交流能有效宣泄情绪。

(3) 宽容自己在救援过程中的失败

认识到灾难并非人所能控制，救援人员也并非万能，不要把过多的责任压在自己身上。

(4) 当承受力达到极限时，就需要采取减少接触或者回避的方式

如果感到压力很大，特别是已经出现情绪失控的兆头或出现各种生理反应，则需要考虑缩短每天的工作时间，或者在一天的工作中增加休息的次数。如果感到已经完全承受不了，要及时向上级提出，以便适时调整自己。

（5）肯定自己有这些心理反应都是正常的，别人也会如此

高强度、长时间的工作，每个救援人员都会在心理上有不同程度的不良感受，自己的感受别人也同样存在。因此，不用因此而自责，出现一些负面的生理、心理反应都是正常的。

（6）不管任务多重，都要平静、从容面对，不要有重负感

灾难已经发生，再多的羞愧感或内疚感只能影响救援的速度和质量，甚至影响自己的身心健康。救援人员也并非超人，要用平和的心态面对救援工作。

（7）不要与其他救援人员进行比较

救援的结果是运气与技术的结合，当你因为某天同伴比自己多救出一位幸存者而感到自己不够尽力时，告诫自己那不是自己的过错，以缓解内疚感。

出现睡眠障碍怎么办？

有的救援人员，在忙碌了一天后，安静地躺在床上时，却感到自己的内心很难平静，脑子里一幕幕地播放着当天救援的场景，想着受灾现场，总觉得自己应该付出更多。甚至觉得睡觉都是浪费宝贵的时间；还有的人会出现整夜不眠、噩梦不断、惊恐的现象。

这些都会导致他们出现睡眠障碍。当救援人员出现睡眠不佳的情况时，可以尝试采用下列方法进行调节。

（1）尽可能保证睡眠与休息的时间，如果睡不好可以进行一些放松和锻炼的活动。

（2）如果回想起火灾现场的环境，可寻求同伴的帮助。

当晚上安静地躺在床上时，白天救援时的一些场景容易又在脑中浮现，如火、哭声、气味等，这时可将感受告诉同伴，让对方给自己鼓励，或相互激励。

（3）告诉自己：我也是普通人，也需要休息。休息正是为了更

好地工作，只有保证充足的睡眠，才能有足够的精力参加后续的工作。

（4）仍然无法摆脱睡眠障碍时，可以暂时使用助眠药物。

药物只能在睡眠状况很差的情况下使用，而且只能偶尔使用，不能对此产生依赖。积极的方法还是调节自己的不良心理感受。

（5）避免酗酒和滥用药物。

不要使用酒精或药物麻痹自己的方式来摆脱失眠或不断的噩梦，如果必须服用药物，也要在医生的同意下安全服用，不可滥用药物。

管理者方面如何安排救援工作才能尽力减低对救援人员的影响？

救援组织者应通过适当的支持系统和相应的措施减少救援人员出现心理应激反应的风险，这些努力包括——

（1）给予他们清晰的任务分配，提供准确的信息。

（2）协助救援人员解决超出其能力范围的安全顾虑，如饮食、水源保证等。

（3）帮助他们从全局的角度审视面临的局势。

（4）制定工作轮班制度，时间不超过12小时，并鼓励救援人员适当地休息。

（5）让救援人员从最高暴露的作业环境调换为低暴露水平的作业环境。

（6）确定在管理、督导和提供支持各个层面上有足够的救援人员。

四、火灾关注者心理危机干预方案及应用模式

（一）普通人群（事件目击者、关注者）团体援助方案

案例：团体辅导之紧急晤谈技术（未成年人组）——说出你的害怕

设计理念：

群体突发性的火灾在学校的发生比例是较高的，而学校可根据自

身教学资源的有利因素,组织培训教师在课程设计中通过小团体或大团体的运作,营造出一种支持性、个人化日常安全的互动过程。在这种安全环境中教师鼓励学生对该事件或经验进行清晰完整的表达,这个过程可以是情绪性的宣泄过程,可发展学生火灾后不良情绪的应对技巧(紧张、害怕或焦虑等负性情绪),因此需要教师组织活动,让火灾事件中受到影响的学生表达内心情绪。

背景:××学校是一所寄宿制学校,天前因为某寝室的学生违章用电导致小型火灾,无人员伤亡,但火灾发生时正值就寝前的人员高度集中阶段,弥漫在寝室楼中的烟和其他同学的叫喊逃离寝室所在楼层的状况,导致受影响的同学较多。

1. 设计目标

(1)学生表达出紧张、害怕或焦虑的情绪。

(2)帮助学生正确看待火灾,他们能够联结生活与所发生的事件,并对其产生掌控的感觉。

(3)通过表达,让别人知道他/她的需要。

(4)通过讨论和其他方式使各种负性情绪得到缓解。

2. 活动准备

火灾情况文字资料和视频资料;课堂进行需讨论的问题

活动时间:45分钟

活动对象:初中及以下年级

3. 活动过程

(1)讨论导入(10分钟)。

教师用平静的口吻,简单介绍这次大火灾造成的损害和伤亡状况。

例如:教师提问:同学们还了解什么情况呢?(学生发言、交流)

评析:分享大家了解到的关于关注火灾的事件,使学生积极融入到课堂学习中。

(2)引入课程主题(7分钟)。

教师先向学生提出以下问题引导学生思考,然后全班讨论。

A. 过去的这段日子你用什么方法渡过难关?

B. 如果事件再发生的话,你有什么不同的做法?

C. 你用什么方法来帮助别人？

评析：引发学生思考如何面对突发的灾难事件。

教师再向学生提出以下问题，逐渐将时间拉近到现在，并推演到未来。

A. 火灾发生时，你在哪里？你正在做些什么？你身边的同学在哪里？你正在想些什么？你感受到了什么？（看到、听到或感受到什么？）

B. 火灾发生后，你的反应如何？有什么改变？（包括生活方式、生活环境）你"失去"了什么？（被丢掉、受损伤的等）

评析：引发学生回忆火灾时的情景，表达火灾时的情绪。

现在，再想到这次火灾时会觉得怎么样？什么能让你感觉舒服些？在这个过程中你帮助其他人了吗？下次你又将怎么做呢？

评析：引导学生表达现在的情绪。

教师描述自己当时惊慌失措、害怕的情形，引导学生说出害怕什么？

注意：

A. 把学生惧怕的原因或想法，逐项写在黑板上。

B. 逐项检讨它是否合理，是否符合现实。不符合的打"×"，符合的打"○"。

C. 老师要引导学生认清惧怕是源于消极的想法，并非现实，因为现实是可以努力改善的。

D. 对于合理惧怕事项，应讨论如何克服它，如何预防它。

评析：引导学生正确认识恐惧、害怕等负性情绪。

（3）教师总结10分钟。

A. 教师作结论，区分值得害怕和不值得害怕的事。

B. 告诉学生值得害怕的事要如何预防，才不会发生危险。

课后延伸：

可以让学生通过美术、音乐等来叙述经历和表达情感，特别是绘画更能拉近这种表达的深度。学生可采用写日记、画画等方式，然后班内交流，使各种负性情绪得到缓解。

教学建议：

通过团体（CISD）讨论的方式让学生表达其感受，了解和确定他们的许多反应是异常情况下大多数人都会有的正常反应，同时区分合理和不合理的恐惧情绪。

(二) 普通人群（事件目击者、关注者）个体援助方案（成年人组）

应用范围：火灾事件关注者，最佳使用时间为急性应激期

重点人群：个体敏感性高、曾有相关性事件的个体

心理援助过程与方法

采用情绪释放技术（EFT）是比较恰当的方式，运用正确的程序性的压力缓解方式替代自己已有的经验、情绪、情感，并通过对其进行评价、反思，从而改变不适当的行为，通过当事人自身希望达到的目标或理想等加以重组，在放松冥想的过程中，在头脑中充分调动积极情绪，形成积极的思维定势。情感作为先行组织者是促进情绪情感体验获得的关键，用情绪释放技术为其植入积极愉快的情绪体验，与一整套正确适宜的程序性知识建立联系，形成新的条件性情绪反应。

具体的 EFT 程序有以下五个步骤。

1. 问题设定（the setup）

通过认知行为分析确定焦虑、抑郁是导致其头痛和失眠的诱因，解决这一问题就可切断消极评价的认知评价过程，通过来访者主诉确定焦虑为第一个要释放的情绪。

2. 强度等级评估（the evaluation）

设定火灾情景下引起焦虑的强度等级并进行强度等级评估，按 1～10 级评价，数值越大情绪强度越高，让来访者对当前焦虑强度用一个数值来表达，以 6 - 2011 - 7 - wr1029 为例，其平均焦虑情绪定为 8。

3. 肯定语句和提醒短词设定（the affirmation）

依据情绪释放技术要求肯定语句设定为"虽然我_____但我仍全心全意并深深地接受我自己"。提醒短词设定为"焦虑"，即让来访者全神贯注的表达"虽然我__感到焦虑__但我仍全心全意并深深地接受我自己"。

4. 敲击（the tapping sequence）

在来访者陈述设定好的肯定语句时，按顺序自行敲击攒竹穴（眉

心)、瞳子胶穴(眼尾)、承泣穴(眼下)、水沟穴(人中)、承浆穴(下巴)、百会穴(头顶)。

5. 强度等级再评估(the re-evaluation)

通过反复5次的操作,让来访者再次评价其焦虑的强度等级,其认为强度目前变成了4。

运用情绪释放技术对不同负面情绪的释放,可针对来访者不同的消极情绪进行调节,在解决其目前最难忍受的问题后,也在逐步地改变其认知,实现原认知改变的目标。(见图5-18)

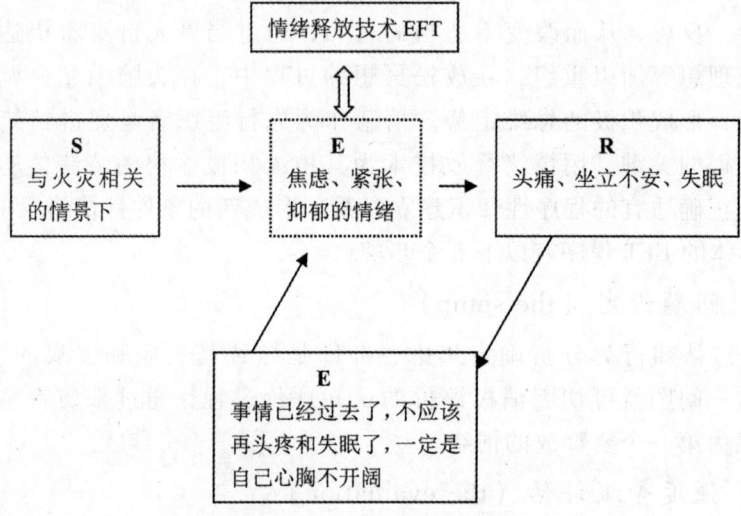

图5-18 消极的认知评价

辅助资料

1. 火灾事件的特殊关注者——媒体

灾后采访应注意些什么?

(1) 采访时多提正面问题。
(2) 进行访问时要依据确实的数据或证据。
(3) 对火灾亲历及亲友的信息要保密。
(4) 跟采访组织的代表与联络人联系,统一安排信息发布。
(5) 不提被访问者可能不愿意回答的问题。

（6）为保护采访对象，采访过程中要让他能够控制采访内容和时间。避免不同媒体重复多次采访某个人，避免因重复创伤经历而造成被采访者对创伤的记忆更加清晰，这可能使被采访者更易出现心理问题。

（7）不要追问令被采访者痛苦的细节，例如：失去亲人的被采访人火灾时的具体情况。

（8）不要在抢救人员工作的时候去采访，以免分散其精力和注意力。

（9）在采访的第一现场，记者首先要做好自身的防护措施，以免使自己也成为被抢救的对象。

报道灾难时应注意些什么？

（1）报道宣传应该是正面的、积极的，能燃起人们希望的主题。

（2）尽量避免播放过于残酷、血腥的场面，以免使更多人的心灵受到伤害。

（3）要遵循有序、理性、科学的原则。

（4）报道的内容有助于反映特殊团体的需求，例如老年人、孩子与残障者。

（5）报道内容有利于激起民众的救灾意识和吸取事件经验教训的作用。

采访受灾儿童应注意些什么？

（1）不宜采访受灾的儿童和青少年，特别是伤残的儿童和青少年。

（2）如果要采访儿童和青少年，需其监护人及本人同意。

（3）如果必要的话建议进行文字采访，即使受灾儿童同意电视采访，也应用马赛克遮住其面部。

（4）采访前应说明采访材料会用于什么地方、怎样用。

（5）对同一个儿童采访次数不宜太多，一次即可，不能重复采访（如果已经有媒体采访过了，其他媒体不宜再采访）。

（6）保护儿童的心灵，儿童很容易因重复创伤经历，而再次受到心理创伤。

采访失去亲人的受灾人群应注意些什么？

（1）尽量做到有社会工作者和心理学工作者的陪伴。

（2）采访时间不宜过长，避免消耗被采访者过多的精力；保护幸存者，采访过程中要让其能够控制采访内容和时间。

（3）在采访前应告知被采访者采访的目的。

（4）采访过程中要有耐心，给被采访者足够的时间谈，尽量不要打断他；采访过程中还要专心，不要一边谈话一边做着其他事情，也尽可能不要因其他事情打断谈话。

（5）借着目光的注视与恰当的姿势、动作，表达出采访者是真心地在关注被采访者，而不仅仅是为了完成采访任务。

（6）适当地问一些简短的问题，可以帮助采访者更多地了解被采访者的想法。

（7）经历灾难后，灾民有时会因悲痛、无助，转而抱怨、气愤，甚至责怪身边的人，这是很正常的反应，采访者尽量不要激动或生气。

（8）不宜采访失去父母的儿童和青少年。

（9）不提被采访者可能不愿意回答的问题。

（10）避免重复多次采访某个人，避免因重复创伤经历而造成被采访者对创伤的记忆更加深刻，这可能会使被采访者更易出现心理问题。

（11）不要追问令被采访者痛苦的细节。

（12）不要提问会给被采访者带来痛苦的假设性问题，例如：如果你的爸爸妈妈已经不在了，你怎么办？

采访救援人员应注意些什么？

救援人员总是亲临最危险、最悲惨的第一线，在以救人为第一使命的紧迫情况下，或许他们来不及悲伤和害怕，做着一切只与救人有关的事情，能救一个是一个。当救援工作告一段落，当他们终于腾出时间来回忆救援战场上的一幕幕时，救援人员也会感到害怕、恐惧、自责、悲伤、绝望……因此，对于救援人员的采访应注意：

（1）采访尽可能简短。由于极度疲劳、休息与睡眠不足等原因，救援人员会产生生理上的不舒服，例如：做噩梦、眩晕、呼吸困难、肠胃不适等。在采访时一定要注意不要再增加救援人员的疲劳。

（2）提简单易懂的问题。救援人员会出现注意力无法集中以及记忆力减弱等心理反应，在采访时应给予理解，提问要简洁易懂。

（3）避免要求救援人员描述过于惨烈的场面。由于长时间接触，救援人员出于自我保护，可能会对眼前所见感到麻木、没有感觉，因此，在采访时应避免让救援人员在重新回顾惨烈场景时受到二次伤害。

（4）肯定救援人员的工作过程，而不要仅关注结果。救援人员在救助过程中，常会因为与其他同事进行比较而产生压力。因此，采访过程不能强化救援人员的这种感受，这样会让救援人员觉得自己的救灾工作做得不好而有罪恶感。

2. 火灾事件的特殊关注者——心理危机干预者的自助

心理干预工作者应注重对自身的支持援助和心理恢复。在灾民安置点的心理干预工作者心身压力也非常大，离开了熟悉的医院和家庭环境面对大量负面情绪的传染以及24小时的昼夜值班，既要摸索开展工作又要处理自身的情绪，而且同样承担着保证灾民安全的压力，除身体的疲惫、心灵的震撼外，还有一些人过于沉浸在灾民的情绪中而形成替代性创伤，在援助过程中卷入过深，将灾民的感受移植到自己身上，感到自己做得还不够好，甚至出现焦虑、口腔溃疡、饮食不正常、睡眠障碍等症状。对此我们体会到进行心理干预是一项复杂艰巨、有挑战性的任务。若以个人身份介入难度较大，以团队形式工作则可以起到互相支持的作用。在团队工作中能及时组织督导和轮休，使小组成员能及时整理自己的情绪在互相支持中进行调整，重新思考自己的收获和困惑，尽快从情绪化的状态中抽离出来。我们认为对心理干预者提供支持，能在一定程度上保障心理干预工作的长期性和专业性。

干预者常出现的反应

在经历灾难之后，干预者与其他救援人员一样会出现一些反应。下面列出一些常见的反应，以使干预者保持警觉。

（1）心理和情绪方面

①焦虑紧张，担心自己的安全。

②愤怒或激动易怒，为了一点小事就对周围的人大发脾气．事后又觉得后悔。

③觉得被淹没、无助、绝望，觉得自己也做不了什么。

④情感迟钝、面无表情，悲伤、忧郁、闷闷不乐。

⑤失去对公平、善恶的信念，变得愤世嫉俗。

⑥认同受害者，过分为受害者悲伤，使自己的情绪低落。

⑦觉得自己做得不够好而产生罪恶感，怀疑自己是否已经尽力，是否充分帮助了周围的人；觉得自己本可以做得更好、做得更多。

⑧认为自己是帮助他人来的，对于自己也需要接受帮助觉得尴尬、难堪。

（2）认知方面

①注意力不集中、记忆力下降，常忘事。

②思考和理解力变慢，反应速度下降，做决策的时候变得优柔寡断。

③无法停止反复想有关灾难的事，不由自主地在头脑中闪现一些画面，不想去想但却控制不住。

（3）行为方面

①缺乏自制力，易愤怒。缺乏耐心，易和人发生冲突。

②睡眠出现问题，常做噩梦。

③工作表现改变，效率和效能降低。

④社交退缩，不愿与人说话和交往，与人沟通减少。

⑤对环境安全十分警觉。

⑥避免触发记忆的活动或地方。

⑦易发生意外。

（4）躯体方面

①体能下降、易疲劳、对感染的抵抗力降低。

②胃不舒服、恶心、腹泻、心跳、呼吸加快、血压上升。

③食欲改变、体重下降或上升。

④头痛、肌肉酸痛、胃痛。

如何识别需要干预的心理反应？

通常，干预者的反应会随着采用缓解压力的干预而递减，随着时间的流逝，干预者开始有能力谈论这个事件及其意义，表达伴随的情绪。由于有家人、朋友和工作单位的支持，也使得这些反应逐渐减轻，直至消失。在有些情况下，一些反应似乎无法自行减轻，需要进一步帮助才能缓解。这样的心理反应表现在以下两个方面。

（1）持续时间

反应持续的时间长短与事件的严重度、事件对个人的意义、个人的适应机制及支持系统有关。与灾难有关的反应，通常大约6周到3个月就会消失。反应持续时间越长越需要进一步干预。如果任其处于应激环境中，这些反应就会持续下去。

（2）严重度

对干预者来说，在一些干预工作时及以后出现的任何反应如果突然变得强烈或失去控制，或干扰到个人的工作、家庭以及社会功能，就说明其需要心理方面的帮助了。

第六章 重特大火灾后心理干预工作实施方案

重特大火灾作为严重威胁公共安全的元凶，每次发生都会造成人民生命财产的巨大损失，同时也使人们遭受严重的心理创伤。大灾过后，心理危机干预与救援工作受到了全社会广泛关注，作为《重特大火灾事故应急救援预案》中受灾群众救助和安置的一部分，是整合在总体工作中积极配合其他部分的工作安排。在重特大公共安全事故发生后，无组织的心理危机干预不但起不到良好的救援效果，甚至会成为心理之殇，应激者本身正处于一个特殊的心理状态，无组织、无规划、不科学的心理危机干预和咨询极有可能会造成进一步心理伤害，因此针对重特大火灾后心理干预与救援工作提出工作实施方案是必要的。《重特大火灾后心理干预工作实施方案》是《重特大火灾事故应急救援预案》的重要组成部分。

重特大火灾后心理干预工作实施方案从团队组建和工作模式两方面进行阐述。

一、团队组建

（一）人员构成及职责

急性期心理危机干预队伍的组建应当以受灾当地的精神卫生机构的精神科医生为主，以精神科护士、心理咨询师、社会工作者为辅。有灾难危机干预经验的成员优先入选，应尽量避免单人行动。组建的心理危机干预队伍进行紧急培训后，可即刻投入灾后的心理危机干预工作，建议队伍分为三级包括如下部分。

核心专家：政府相关部门负责人、官方指派心理专家、曾组织参与过其他类型的灾后心理危机救援专家等。

心理专家：各类组织中的心理工作者——医疗系统的心理医生、部队心理工作者、院校中资深心理专家、各地心理协会中注册心理咨

询师等

心理干预人员：医务人员、志愿者、社会各级组织中的心理咨询人员

核心专家统筹大灾后心理危机干预宏观的工作目标、原则和工作方法、团队人员调配、心理危机干预与救援人员的督导、与灾后救援其他工作组织的沟通协调以及突发事件应急处置。

心理专家：心理危机干预技术层面的确定及应用、心理干预人员的培训、管理及督导、筛查工作后对收集上来的评估结果汇总甄别，制定针对重点高危个体的后续心理危机干预计划并组织实施。

心理干预人员：在统一的工作目标、原则和方法的指导下，进行早期心理危机干预，根据急性应激障碍表现并结合干预对象的躯体状况、社会支持、目前安全性以及自伤风险四方面的情况给予心理支持和帮助，使其平稳度过灾后应激期，确保个体安全并为后续心理康复奠定基础，对重特大火灾中不同层面的卷入人员进行筛查分类，通过团队内沟通机制（重点对象实时上报，同质群体评估结果上报）确定重点干预对象及做出进一步的心理干预工作。

（二）组建原则

政府主导，根据国家卫生计生委通知，在卫计委的统一部署下，组建团队，政府主导地位能确保心理危机干预的效果。灾后心理危机干预与救援工作主要负责人是事件发生地政府和卫生计生组织，结合心理专家以及民政部门、街道、医院的密切合作下快速有序地展开。由于设立了统一的市级指挥机构，由市、区政府统一负责和协调各个部门之间的关系，避免了角色的混乱和资源的浪费，采取以小组形式进入安置点，每个小组由1名核心专家负责，2名以上心理专家及若干名心理干预人员组成，采取流动和定点两种工作模式开展。

二、工作模式

（一）工作对象、目标和原则

工作对象：心理危机干预专业人员分若干个工作小组进入安置点

和收治医院，分别对火灾不同卷入层面的患者受灾群众和家属、周围居民、消防救援工作人员等开展心理危机干预。

干预的目标：积极预防，不发生自杀事件，及时控制和减缓灾难的社会影响；促进灾后心理重建；维护社会稳定，保障公众心理健康，杜绝继发性事件出现。

工作原则：

（1）与整体救援活动整合在一起进行，及时调整心理救援的重点，配合整体工作的进行；

（2）以社会稳定为前提，不给整体救援工作增加负担，减少次级伤害；

（3）综合应用干预技术，针对当前最重要的心理健康问题提供个别及群体性心理帮助；

（4）保护被干预者的隐私，不随便透露个人信息；

（5）明确心理危机干预只是医疗救援中的一部分，并非万能。

（二）工作实施——定点工作程序

每个心理干预小组在明确工作目标和任务后，在火灾后初期由上述人员在安置点轮流24小时值班，之后视情况好转改为每天1名心理专家值班，建立日报表，每天做好工作日志，记录需要重点关注的对象以便次日进行交班与日后随访。

心理危机干预与救援定点工作重点

1. 建立信任关系

在第一时间与灾民主动地建立安全的心理关系，既不能要求灾民接受心理疏导，更不宜直接进行心理量表的测量。针对灾民来到安置点后首先出现的悲痛、惊恐、焦虑、愤怒、自责及老年人大多出现血压升高等情况，此时不适宜马上进行心理治疗，而是先让他们安静下来，快速帮助他们从焦虑、恐惧情绪中摆脱出来，要增强他们的安全感。在医护人员一夜的照料安慰下灾民渐渐平静，心理干预者在灾后初期更多的是陪伴者、信息提供者、安慰者等。可以采取医疗辅以心理疏导的形式，让安全和信任逐渐建立，例如可以采取主动为老年人测量血压、为其提供急需生活用品、协助寻找失散亲人和民政部门一起为灾民送救济物品、送饭等方式取得灾民的信任，建立信任关系后为下一步的心理援助建立良好的基础。定点工作的前两天，危机干预队员们主要是倾听和陪伴，协助受灾群众解决现实问题，帮助他们重新获得安全感，避免二次创伤。

此处须注意，心理危机干预并非越早越好，其实施时间应以被干预人躯体特征的稳定及其他条件具备为前提，心理危机干预对于那些尚处于危险中的个体是没有价值的。

2. 对筛查出的重点人员进行深入干预

经过20天以上的工作后灾民逐渐开始接受心理干预工作，部分受灾居民有情绪异常、失眠、肌肉疼痛等问题时，会主动寻求心理危机干预队员的帮助。同时为了更好地帮助灾民有效地完成哀伤过程，心理危机干预人员应注意尊重灾民的丧葬祭奠仪式，及时提供心理陪护小组成员深入灾后安置点。每日上下午、晚间共3次对安置点的灾民进行巡视，经过调查评估，根据《心理危机评估与干预记录表》将灾民区分为一般群体、重点关注、需陪护三类重点人群进行心理援助。对重点对象运用严重事件应激晤谈法、认知和行为疗法、实施心理干预加药物治疗法进行连续跟进，对一般灾民则给予一般的心理疏导，告知灾民大的灾难发生后人们会有各种情绪反应，有些人由于自身的经历、心理承受力、敏感度等有比较强烈的反应，而有些人的反应不太强烈，但所有这些反应在当下都是正常的。

（三）工作实施——流动工作程序

1. 跟踪随访

以火灾直接受灾的人员为重点关注对象，对筛查结果高危的群体进行灾后急性应激的心理干预和创伤后应激障碍的跟踪随访。

2. 专家督导

建立专家组督导制度。救援第1周全体人员每晚集中汇报各点的工作进展，集体讨论工作难点，并由参加过汶川大地震救援的心理专家具体指导干预方法，第2周后改为每周督导1~2次。

早期专家组督导起到关键的技术支撑作用，在心理危机干预工作中心理专家组的定期巡视及时指导发挥非常重要的作用，由于突发事件中心理危机干预人员是临时从单位抽调的，部分人员缺乏火灾后危机干预实战经验，而专家组成员有丰富的咨询实践经验，能熟练地应用心理干预技术，并根据灾情救援工作整体进程迅速评估灾民的状况，并决定对哪些问题进行干预，既能对相关群体开展培训工作又能进行个别心理辅导和团体心理辅导，在核心及心理专家的具体指导下心理危机干预者参加灾难后心理危机干预的专业培训，不但能更好地完成心理危机救援工作，同时能注意察觉自己因援助工作引起的各种情绪反应，如无助感、精疲力竭感等并及时进行调整。

3. 迅速健全工作网络

采取多种形式向灾民宣传心理援助服务的内容，定点设立了心理咨询室，建立每日灾后工作组流动性的早交班制度，心理医生、医疗点医生、民政部门、居委会及安置点管理人员在交班会上彼此互通信息协调工作。

做好灾后心理危机救援资料的分发和宣传，提出需要重点注意的事项，开通了特大火灾心理援助热线。充分发挥"互联网+"在灾后宣传中的作用，使得除亲历者、死伤者家属和消防官兵这些重点关注对象外且在后危机干预人数众多的火场附近人员和火灾关注者，通过这一平台更好地了解到相关信息，缓解灾后心理紧张，帮助其更快更好地恢复心境。

第七章 2013—2014年全国亡人火灾或重大火灾典型案例

一、2014年全国亡人火灾或重大火灾典型案例汇编

2014年1月6日，江苏省南通市海门市青龙港化工园区贝斯特精细化工厂亡人火灾。

2014年1月12日，江苏省南通市开发区瑞兴路附近车库亡人火灾。

2014年1月12日广东省广州市白云区发生一起火灾事故造成6人死亡。凌晨4：17，广州市白云区棠景街沙涌北涌南街一出租屋发生火灾事故。接报后，有关单位负责同志立即赶赴现场组织事故处置工作。截至凌晨5：22，现场明火被扑灭，6人死亡。接报后，省政府高度重视，要求尽快查明事故原因、责任，吸取教训；分析近期火灾频发的根本原因，扎扎实实开展安全隐患大排查；认真组织对各项防火安全措施进行再检查，严格落实主体责任；采取切实可行措施，防止类似事故的再次发生。省公安厅，省安全监管局有关负责同志迅速赶赴现场指导处置工作。

2014年1月20日广东省河源市连平县一居民家发生火灾3人死亡。连平县城南街发生一起火灾造成3人死亡。昨日凌晨3时许，连平县城南街有4间店铺发生火灾。接报后，该县消防大队、元善镇派出所快速出警处置，第一时间到达现场并组织实施扑救。5时15分大火被扑灭后，现场发现3具尸体，死者分别是林某（男，1971年出生），赖某（女，1970年出生），林某（女，2006年出生），3人均是连平县元善镇留潭村人，为同一家庭成员。

2014年1月23日贵州省福泉市马场坪办事处辖区内发生一起山林火灾。火灾造成5人死亡，1人受伤。

2014年1月26日上午9时20分左右，江苏省南通市如皋市江安镇黄庄村某独居老人一楼卧室发生火灾，不一会儿，整个卧室焚毁在熊熊大火中。消防队到场，一名86岁的独居老人不幸被烧死在大火中。附近村民说，早上老人还在睡觉，不知怎么回事就出现了这一幕悲剧。据说老人在床上吸烟，大火很有可能吸烟引发床单起火。当时，幸好消防队扑救及时未酿成重大惨剧。

2014年1月26日，江苏省南通市如皋安镇黄庄村82岁老人因吸烟引发火灾死亡。

2014年1月26日贵州从江县一村寨发生火灾，造成5人死亡。新华网贵阳1月26日电（记者李黔渝）贵州省从江县西山镇岑杠村26日凌晨发生一起火灾，造成5人死亡。记者从贵州从江县委宣传部了解到，火灾发生在26日凌晨4时50分左右，经调查，死者为一家五口人，同时，死者家为起火户。据初步统计，此次火灾共烧毁21栋房屋，涉及26户，造成5人死亡、131人受灾。事故发生后，当地消防、公安、应急等部门紧急赶往现场救援，民政部门已调配大米、棉被等救灾物资发放到灾民手中。

2014年1月28日天津红桥区一居民家火灾1人死亡。天津北方网讯：记者昨天下午从市公安消防总队获悉，昨天，本市红桥区西于庄城防里大街三兴里一户居民家中不慎失火，一名男子在火灾中死亡。1月28日，消防部门接警称，在三兴里一户居民家中发生火灾，消防部门立即调派两个消防中队及辖区全勤指挥部赶赴现场救援。到场后，消防员立即搜救被困人员，同时用两支水枪进行灭火扑救，到9:59火才被扑灭。其间，消防员从火场内搜救出1名被困中年男子，经现场的急救中心确认该男子伤势过重已死亡。据初步查看，这起火灾的燃烧物为室内堆满的杂物和家具等，过火面积约13平方米。

2014年1月30日海南省定安县轿车高速路追尾油罐车燃起大火5人不幸身亡。1月30日（大年三十）零时许，在东线高速公路定安段，一辆小轿车与满载20.4吨97#汽油的油罐车追尾相撞引发起火事故。事发后，定安多部门第一时间做出反应，后在海口、琼海、万宁消防部门的配合下，经过连续4个多小时的奋战，于当日凌晨5时5分将大火扑灭。其间未发生爆炸等次生火灾灾害事故。事故造成5人身亡。

　　1月30日零时15分许，定安县公安局110指挥中心接到群众报警称，东线高速公路53公里处（海口往三亚方向），一辆小轿车与一辆油罐车追尾相撞。接报后，定安县交警大队、黄竹派出所、消防大队等部门迅速出警，同时联系120赶赴现场。零时39分，追尾的小轿车冒烟起火，定安县公安局迅速将简要情况分别向定安县委、县政府及省公安厅指挥中心汇报。定安县委书记陈军等人第一时间赶到现场进行指挥。记者了解到，据有关部门初步调查，车牌号为琼C5371×的油罐车事发时装载着20.4吨的97#汽油，从澄迈县老城镇马村运往三亚途中，被车牌号为琼AB71××的小轿车追尾。事发后，省消防总队立即调集海口支队10辆车66人、琼海支队6辆车48人、万宁大队3辆车22人赶赴现场增援。凌晨3时3分，增援力量全部到场。凌晨5时5分许，大火被彻底扑灭。在整个灭火的过程中，未发生爆炸等次生火灾灾害事故。当日9时50分，东线高速公路三亚往海口方向全线畅通。当日11时30分，东线高速公路海口往三亚方向定安段已全线畅通，事故车辆已全部吊开，油罐内剩下约20吨97#汽油被安全转移。据介绍，此次事故发生的主要原因系琼AB71××小轿车驾驶人追尾所致，该小轿车上共有4名大人和1名小孩全部被大火烧焦。

　　2014年2月2日浙江温岭市一居民家发生火灾2人死亡。新华网浙江频道2月2日电浙江温岭市松门镇2月2日晚发生一起火灾，致2人死亡。据温岭警方提供的信息，2月2日晚，温岭市松门镇淋川下街一户人家发生火灾，事故造成这户人家的一对夫妇不幸遇难。

　　2014年2月6日河南省郑州市一居民楼火灾1人死亡。2月6日上午，郑州市一小区1号楼1单元1楼东侧突然着火，火灾造成1人死亡，2人受伤。事发时，住在14楼的陆先生仍在熟睡，幸运的是，家里的宠物狗闻到烟雾后不停地用嘴拉拽他的被子，把他叫醒，最终让他成功逃生。中午12点多，记者赶到南三环与碧云路交叉口附近的事发现场。下午2点多，郑州市120急救中心工作人员从楼中抬出一具中年女性的尸体。小区居民介绍，着火发生在上午11点25分左右，着火后该楼栋的电梯井内全是浓烟，着火时，这名中年女性和其家人被困在电梯中，最终，其他人成功逃生，该女子却遭不幸。郑州市消防支队相关负责人介绍说，着火的是该小区 1 号楼 1 单元 1 楼的东侧，过火面积约 2 平方米，着火原因仍在调查中，初步调查，有 1 人死亡，2 人被烧伤，其他被送到医院救治的 5 个人，有的属于受了惊吓，有的只是被烟雾轻微熏了一下。"多亏了家里的狗把我叫醒了！"说起逃生的经过，住在该小区 1 号楼 14 楼的陆先生很是感慨。他告诉记者，着火前的晚上，他一直在看电视，初七早上 6 点多才上床睡觉，所以着火时他睡得很死，不知道什么时候，他突然感觉谁在拉他的被子，一看竟是自己家的宠物狗，这时他才发现屋里已经聚集了一些烟雾，他赶紧用毛巾捂住嘴往楼下跑，最终成功逃生。住在 5 楼的牛女士说，着火时她和 15 岁的儿子在家，就想着往外跑，打开门一看，全是浓烟，慌乱中牛女士甚至想尝试跳楼，结果被儿子拦住说："学校里老师教过，遇到火灾要冷静，外面烟大时不能往外跑"，随后，母子二人退回屋里，用被子蒙住门，防止烟雾进入，直到火被扑灭浓烟散尽，他们才走出家门，"多亏儿子学了一点儿火灾逃生的常识，要不就没命了！"

2014 年 3 月 1 日山西晋济高速两车追尾后起火爆炸已致 12 人死亡。新华网太原 3 月 4 日电 记者从晋城市政府新闻办获悉，救援人员在晋济高速岩后隧道交通事故现场又发现了 4 具遇难者遗体。这起事故造成 12 人死亡。据介绍，现场陆续发现了各类车辆 43 辆，其中大型货车 33 辆，危化品车辆 4 辆，小车 5 辆，中型货车 1 辆，已经清理出 18 辆。

2014 年 3 月 1 日湖南长沙红星花卉市场发生火灾致 2 人死亡。3 月 1 日晚 10 时 39 分，长沙市红星花卉市场中区 16 号发生火灾。接到报警后，长沙公安消防支队迅速调集红星等 6 个中队 13 台消防车 60 余名官兵赶赴现场，进行扑救。当晚 11 时 30 分，大火被完全扑灭。此次火灾过火面积约 200 平方米，造成 2 人死亡。

2014 年 3 月 7 日云南昭通一学生宿舍发生火灾；13 名师生烟雾吸入中毒。中新网昆明 3 月 7 日电（记者史广林）云南省昭通市昭阳区政府新闻办 7 日通报，该区一民办学校学生宿舍当日发生火灾，致 13 名师生烟雾吸入中毒，其中 1 名学生危重。通报称，7 日凌晨 5 时 10 分，昭阳区鑫华（民办）学校学生宿舍发生火灾，造成 12 名学生、1

名老师烟雾吸入中毒,其中 1 名学生危重。目前,医疗部门正积极救治受伤师生,起火原因正在调查。

2014 年 3 月 7 日广东省佛山市禅城区张槎街道东便社区张槎轻工北七街 11 号 608 房(住宅楼)火灾死亡 1 人。3 月 7 日 19 时 01 分,张槎轻工北七街 11 号 608 房(东便社区住宅楼)发生一起火灾。一名被困女性晕倒,后抢救无效死亡。据了解,着火建筑为小区居民楼,钢筋混凝土结构,共 8 层。着火部位为六楼一套单元住宅的厨房,过火面积约 4 平方米,着火居民楼内一名被困人员晕倒在大厅椅子上,后经抢救无效死亡。经初步核查,死者姓名为吴某,女,省六建退休职工,1952 年出生,张槎东便社区居民,原有心脏病。

图 7-1　广州省佛山市一住宅火灾后室内情况

2014 年 3 月 9 日,广州番禺发生一起火灾。当晚 11 时许,番禺雅居乐一尺山居 8 号楼 1 楼发生火灾,街坊称事发时并未听见有人呼救,但火被完全扑灭后,一名男子被发现身亡。邻居表示很奇怪,1 楼起火,为什么没有跑出来?起火房间床头柜上的一台电脑被烧毁,房间被熏黑。火灾一男身亡前晚 11 时许,番禺雅居乐一尺山居 8 号楼 1 楼发生火灾,街坊称事发时并未听见有人呼救,但火被完全扑灭后,一名男子被发现身亡。

2014 年 3 月 12 日河南省郑州市一 4S 店停车场发生火灾,30 辆凯迪拉克新车和 43 辆 MG 新车被烧,3 月 12 日上午,现场浓烟滚滚。10

时许，消防队赶到并展开扑救。经过一个小时的灭火，明火在 11 时左右被扑灭。

2014 年 3 月 16 日湖北省黄石市公安局接到报警，黄石市二医院住院部发生火灾。接警后，消防、公安等部门火速赶赴现场开展灭火救援，抢救转移相关人员，并维护现场秩序。凌晨 4 时 50 分，现场明火被全部扑灭。火灾着火楼层为住院部 1 楼服务大厅，过火面积约 200 平方米。火灾现场发现死亡 1 人，1 名住院病人避险跳楼经抢救无效死亡，2 名病人转移后死亡。4 名死者身份已初步查明，3 人为住院患者，1 人初步判定为医务人员，待 DNA 检测鉴定后确认。目前，住院患者已稳妥安置。中午 11 时许，经公安机关紧张细致的现场勘察和摸排侦查，已初步认定二医院住院部火灾系人为纵火。警方现已锁定，并抓获犯罪嫌疑人李某（男，27 岁，湖北鄂州人）。经审查，犯罪嫌疑人李某对其 3 月 16 日凌晨 4 时 10 分许在二医院住院部纵火的犯罪事实供认不讳。

2014 年 3 月 16 日福建福州一民居发生火灾，3 岁男童在火灾中遇难。3 月 16 日下午 3 点半左右，福州仓山区盖山镇台村后坂村林珠自然村一处民居突发大火，10 来名外来打工者失去他们的家，一名 3 岁男童不幸遇难。环卫工父亲撕心裂肺地号叫着，在冒着烟的废墟中搜寻，而后无力地倒在地上。"娃，你在哪，出来啊。"找寻许久无果，男子瘫倒在地上，放声大哭，几名赶回来的人也哭成一片。周围的邻居告诉记者，小楼里租住着 4 户安徽来榕打工的人家。"住在这里好多年了，有 10 来个人，大多是环卫工人，就在这一带上班，他们带着 4 个不到 10 岁的小孩。"邻居们说，在小楼的一楼，堆满了住户捡回来的纸张、塑料等废品，大人小孩住在二楼。"他们做环卫工人很辛苦，平时都是一早出门，很晚才回来，小孩们就自己玩。"事发当天上午，大人都去上班了，3 名比较大的孩子也出去玩了，"没看到最小的，估计在家里"。"我们打工的收入低，只能找点废品贴补生活，孩子也上不起幼儿园，都放在家里玩。"男童的姑父说，怕孩子在外面出事，3 岁的侄子平时就被关在家中。他说，曾几次看到孩子在玩打火机，"被我们打骂过几次，但孩子看到打火机还是会去抓"。

2014 年 3 月 21 日山东平度发生纵火案，1 人死亡，7 名犯罪嫌疑人被刑事拘留。3月21日凌晨1时54分，平度市凤台街道杜家疃村一帐篷起火。公安机关调查认定这是一起人为的纵火案。案件发生后，各级领导高度重视，当地公安机关迅速调集精干力量展开侦查工作。经过4昼夜的连续奋战，于25日成功侦破此案。已查明，3月21日凌晨，李某、李显某、柴培某、刘长某4人受王月某指使（均为平度人），窜至现场实施纵火后逃跑。王月某是受崔连某（贵和置业有限公司法人代表，系开元城御景二期工地承建商）和杜群某（杜家疃村村主任）的指使实施犯罪。目前，7名犯罪嫌疑人已被刑事拘留。

2014年3月26日广东普宁市军埠镇一家庭作坊发生火灾，致12人死亡，5人受伤，直接财产损失13.3万元。现场解救出17名群众，15人不同程度受伤送医院救治，其中11人因窒息抢救无效死亡。

2014年4月3日贵州省黔东南苗族侗族自治州施秉县一村寨凌晨发生火灾，造成45栋房屋被烧毁，430人受灾，部分粮食被烧毁，暂没有发现人员伤亡。

2014年4月8日位于浙江省东阳市横店影视大道的一影视器材基地发生火灾，现场浓烟滚滚。东阳消防中队消防车全部出动，南马专职消防队已经增援，并向金华市消防支队指挥中心请求增援。金华消防119指挥中心指派东阳中队7辆消防车和南马专职消防队赶往现场救援。16点07分，大火被扑灭，无人员伤亡。

2014年5月4日清晨5时许，上海市虹口区新港路一老式居民楼因煤气爆炸发生倒塌，有人员被困。经初步调查了解，事故系液化气钢瓶爆炸引发，导致整幢居民楼发生坍塌。事发后，数十辆消防车赶赴现场救援，已救出5人，其中2人死亡。经初步了解，现场为2栋砖木结构居民楼。楼内共有9人，事故发生后，4人自行逃出，5人被救出，其中2人死亡。

2014年7月15日广州301公交车发生着火事件，共造成2人死亡25人受伤。所有伤者已全部送到医院进行救治。

2014年7月16日凌晨4时许，江苏省苏州虎丘街道茶花社区一居民家发生火灾2人死亡，另有14人住院治疗（其中2人重伤）。

2014年7月19日3时左右沪昆高速湖南省境内邵怀段1309KM处，一辆载有6.52吨乙醇的货车与一辆载有50多人、凌晨违规上路的大客车追尾后爆炸燃烧，事故共造成 5 台车辆烧毁，已确认 43 人死亡、6 人受伤送医救治。

2014 年 8 月 7 日凌晨 1 时许，江苏徐州沛县东风路西段一处居民院突起大火，一家五口被困。危难之际，3 名小伙破门冲进院内救人。72 岁的汤先生及其儿子、孙子脱险，孙女摔伤骨折，但其儿媳不幸遇难。凌晨 1 时 40 分，火被完全扑灭。着火的原因疑似室内线路或电器引发。

2014 年 8 月 19 日 四川平昌一家具店发生火灾，致 2 人死亡，多人受伤。下午 3 时左右，大火得到控制。疏散转移群众 160 余人，急送医院救治 12 人，其中，此次火灾造成 2 人死亡，7 人留院治疗，3 人自动出院。

2014 年 9 月 16 日 19 时 46 分，北京朝阳区一汽车 4S 店发生火灾，2 人死亡，过火面积约 700 平方米。

2014 年 9 月 22 日下午 3 点左右，醴陵市浦口镇保丰村有证合法企业南阳出口花炮厂发生一起安全生产事故，目前已确认有 6 人死亡，33 人受伤，受伤人员已送往医院救治。据初步了解，事发企业的生产许可范围为烟花 C 级、小礼花 C 级。发生爆炸的工房为仓库区无药材料工房。初步认为是企业擅自改变工房用途，将无药工房改为有药生产工房，从而引发事故。

2014 年 9 月 29 日早上 6 点，渭南市大荔县同州商务宾馆 2 楼一房间内起火，导致失火房间内一人死亡一人受伤，旁边住宅楼的二楼有两个窗户已被烧毁，暂时用木板遮挡，另有一个空调损毁严重。记者拨通了宾馆大门上留的一个电话，对方自称是该宾馆的工作人员，由于宾馆最近装修，所以没有营业。而对于 9 月 29 日早上的火灾，对方表示自己也不清楚。"火是 9 月 29 日早上 6 点左右着的，烟很大。"一名不愿透露姓名的住户介绍，当时自己还在睡觉，突然感到很呛，出门才发现是隔壁的宾馆内着火。

2014 年 10 月 6 日下午，浙江省温州市苍南县龙港镇的华电商贸城 1 楼发生一起火灾，造成 1 名约 5 岁左右小孩死亡，另外小孩父亲也在火灾中受伤入院治疗。火灾发生后，消防部门及时赶到现场灭火，大火过火面积达 100 多平方米。

第七章 2013—2014年全国七人火灾或重大火灾典型案例

图7-2 江苏苏州新区民宅火灾

2014年10月7日江苏苏州高新区一民宅发生火灾，大火封锁住楼道，1老太死亡。

2014年10月8日四川阆中古城一客栈发生火灾，旅客1死1伤。客栈的屋顶被烧毁。

2014年10月10日12时20分，广东省梅州市梅县区南口镇鱼田村和响水村交界处发生森林火灾，当地立即组织专业队、半专业队和护林员200人进行扑救。由于山势陡峭，地形复杂，扑救难度较大。15时40分，火场风向突变，火势蔓延迅速，导致扑火队员6人死亡，2人轻伤。

2014年10月12日凌晨4时56分，广东东莞一民宅发生火灾，2人死亡。现场过火面积约30平方米。

2014年10月11日、13日浙江省台州发生两起火灾，共有4人死亡。10月13日上午9点左右，玉环县玉城街道一栋出租房发生火灾，消防大队赶到现场时，屋内大火正猛烈燃烧，屋顶早已被烧穿。消防队员进入火灾现场进行搜索，几分钟后在房间的西南角发现了两名被困的孩子，遗憾的是两人已经不幸身亡。据了解，遇难的是两名小女孩，姐姐四岁，妹妹一岁半。当天父母外出工作，将两个孩子反锁在屋内，起火时无法逃生。而发生惨剧的出租房属于违章搭建，目前房东黄某已被控制。10月11日晚上七点多，在椒江海门街道东丰村也发生了一起火灾，一名七岁男孩和他29岁的母亲不幸遇难。台州市公安消防支队椒江区大队副大队长徐楠说："火灾发生以后在场的当事人有五个，两名是老人两名是儿童，一名是妇女，他们在火灾中都是弱势群体。"几个人发现二楼起火后，并没有及时报警，而是从楼上下来自己动手灭火，男孩则被留在了三楼。台州市公安消防支队椒江区大队副大队长徐楠说："他们在发生火灾以后，第一时间不是组织疏散逃生，或者打电话报警，而是自己采取用衣服覆盖，从卫生间打水灭火，这种简单的形式，最终没有及时将火灾扑灭，错误判断了火灾的危害。"眼看火势无法控制，一家人才想起报警，男孩母亲赶紧返回三楼寻找孩子。由于老房子是木质楼梯，还堆放了大量杂物，楼梯很快被烧毁，母子二人再没能逃出火场。台州市公安消防支队椒江区大队副大队长徐楠说："火灾发生以后，整个木楼梯被烧毁，等于说阻断了疏散逃生的路线。"

2014年10月15日凌晨2点41分，呼和浩特和林格尔经济开发区仁和春天生物科技有限公司厂房发生火灾，两人死亡。火灾发生后，和林格尔县委、政府主要领导以及经济开发区、公安、消防、安监等部门负责人赶赴现场指挥救火。经过两个多小时的紧张救援，凌晨4时50分许，现场明火全部被扑灭，相关人员开始清理现场，全力搜救失踪人员。据了解，火灾发生时，厂区并无生产人员，只有一对老夫妻作为夜勤人员留守，两人均已死亡。据悉，此次火灾厂房过火面积约3000多平方米。

2014年10月15日9时6分，玉环县玉城街道三合潭南山村一出租民房发生火灾。火灾造成两名小女孩死亡，分别为4岁和1岁半。据了解，当时孩子父母外出打工，将两个孩子留在屋内。知情人士说，这一家人来自四川大凉山，家里有5个孩子，昨日上午3个孩子在学校上学，火灾发生时，另外2名小孩被反锁在房间内。而该出租房是属于违章建筑，不符合消防要求。目前，出租房房东黄某某已被控制。

2014年10月18日下午13时05分许，深圳市龙华新区观澜街道松元厦社区前源科技公司发生一起火灾，火灾于13时50分被扑灭，目前火灾已造成3人死亡，1人重伤，重伤人员已被送往医院救治，暂无生命危险。据消防部门的现场初步调查，该场火灾由爆炸引起，过火面积约100平方米，事故发生的原因为疑似该厂违规使用白电油清洗地板，从而引起爆炸事故发生。

2014年10月19日1时7分上海东川路一电动车店着火。消防部门与派出所接报后迅速到场将火势扑灭。火灾过火面积约40平方米，造成3人死亡。凌晨，闵行区东川路2048号发生火灾，三人在火灾中死亡。据悉，事发闵行区东川路近石屏路附近，为一处沿街商铺，售卖电动车。事发，多位微博网友拍到当时火光冲天的情形。

2014年10月19凌晨，诸暨市暨阳街道城市广场浣东中路一居民楼突起大火，火势迅猛。消防人员搜救出7名被困人员，其中2人因抢救无效死亡，其余5人无生命危险。据了解，房子里租住的是诸暨某美容养生俱乐部员工。

2014年10月28日江苏省江阴绮山路的澄江街道先锋社区居委三楼发生火灾，造成一人死亡。从网友张小姐提供的现场照片可以看出，火灾发生时火势很大，从马路对面的街道还能看到窗口窜出2米高左右的火苗。网友告诉记者，当时消防第一时间赶到现场，进行灭火作业，灭火所产生的烟雾弥漫了整条街道。记者了解到，火灾发生在澄江街道先锋社区居委大楼的三楼，但这里并不是居委办公场所，而是扬州一家公司在江阴开设的分公司。死者为该工公司的一名男性后勤工作人员，今年58岁左右，平常在公司主要给员工烧饭。因为当时火情发生紧急，所以该工作人员在消防还没到来之前进行人工灭火。由于火越烧越大，该工作人员被大火烧伤，由于逃跑不及时，导致窒息身亡。

2014年11月14日苏州一出租屋突发大火，一对小姐弟被锁屋内不幸身亡。住户是来自贵州的一家人。由于父母外出打工未归，被锁在屋内的12岁姐姐和8岁弟弟未能及时逃生，不幸葬身火场。这家人已在此租住5年，出租屋内设施简陋，易燃材料较多。

2014年11月14日8时许，在安徽省城合巢路上一栋老宿舍楼内，传来呼救声。一时间浓烟滚滚，闻讯赶到的邻居纷纷施救，却得知起火的3楼有一老人被困屋内。消防战士赶到后冲入屋内救人时，发现老人已经不幸遇难。据目击者介绍，起火时，住在2楼的邻居，率先冲到3楼，边敲门边喊，怎奈无人应答，于是对外大声呼救，"我们知道这家有个老人腿脚不便,可能困在里面,可是门搞不开。"一位邻居说,起火点位于三楼一住户卧室内,随着火势越来越大,浓烟不断从窗口和阳台蹿出,大家都不敢靠近了。不一会儿,接到报警的消防官兵赶到,并很快控制住大火,破门救援时却发现被困屋内的老人已经不幸遇难。据邻居们介绍,遇难的老人姓姜,今年80多岁,与老伴一起居住,腿脚行动不便。老伴痛苦地说,当天早上7点多,已经睡醒的姜大爷在床边抽烟,不慎引起了被褥起火,还好自己发现及时扑灭了,后来她出门买早点,回家后就发现发生了悲剧。"可能是烟头余火复燃引发。"一位邻居猜测道。据现场调查发现,过火范围主要集中在卧室,室内被褥和床铺被烧成废墟,墙壁全都被熏黑。

2014年11月16日山东寿光致18人死亡火灾因供电线路短路所致。据调查,事故的直接原因是龙源食品有限公司保鲜恒温库内沿墙敷设的制冷风机供电线路接头过热短路,引燃墙面聚氨酯泡沫保温材料,引发火灾。这次火灾造成18人死亡,13人受伤。

图7-3 龙源食品有限公司恒温库火灾

此次火灾过火面积5000平方米。据初步分析,该起火灾暴露出生产经营单位存在以下主要问题:一是违法违规生产经营,生产厂房未经正规设计、未向有关部门申报验收;二是消防安全隐患突出,违规使用不合格的保温材料,电器线路敷设、疏散通道、安全出口设置不符合规范要求;三是单位安全宣传培训教育不到位,未对从业人员进行消防安全培训教育；四是应急管理缺失，无预案、无演练。近年来，劳动密集型企业重特大火灾事故时有发生，为深刻吸取事故教训，切实加强安全生产工作，有效防范和坚决遏制重特大事故发生，国务院安委办要求严格落实各方主体责任，提高劳动密集型企业火灾防控能力，深入开展消防安全专项整治，严厉打击非法违法行为，加大消防安全宣传教育力度，提高全民消防安全意识，加强应急管理，提高企业员工应急处置能力。

2014年12月5日四川泸定县冷碛镇发生一起民房火灾，造成3人死亡。火灾发生后，冷碛镇人民政府迅速组织当地镇、村两级干部职工及消防官兵等150余人开展火灾扑救工作。

2014年12月7日上海市长宁区愚园路老式公房发生火灾，1人死亡。过火面积达50平方米。

2014年12月11日凌晨，广东深圳龙悦居住户起火，女子跳楼死亡，男童抢救无效死亡。过火面积约45平方米。消防官兵赶到时，龙悦居物业管理处组织人员已经把火基本扑灭，由于屋内还有被困人员，消防官兵进入房屋，发现墙壁已熏黑，家具基本烧没了。起火原因是人为纵火还是意外起火，还有待调查。

2014年12月21日江西崇仁一农村火灾造成1人死亡7所房屋被毁。据死者家属曹女士介绍，死者是其大伯，今年65岁，在东边村街上组号经营一家杂货店。在这场大火中被烧毁的房屋位于村中一条老街上，均是木结构房屋。曹女士表示，火灾很有可能是电线陈旧老化引起。

2014年12月22日江苏省苏州市高新区一别墅发生火灾，2人死亡。此别墅是租作存放劳保用品仓库及多人住宿，属"三合一"场所。

2014年12月25日山东省济南市历下区一住宅发生火灾，1人死亡。位于历城区华山街道办事处辖区的宋刘村，是省城有名的"蚁族"聚居地。25日凌晨的一场大火，再次拷问"城中村"的安全问题。通道不畅耽误了救援，年轻女租客殒命。"25号凌晨四点左右，我听到外边砰砰的爆裂声，以为是什么东西爆炸了呢，就赶紧跑出去看。"刘女士是村里的老房客，就租住在离着火点不远的一处楼房里。"当时烧得最厉害的是二楼平台上的一处板房，火苗子都蹿到了三楼，吓死我了。"着火楼房西侧是一家养生会所，该会所老板告诉记者，当时火势很大，着火房间的火呼呼地往外冒。"我听见有人喊救命，就端了一盆水跑出来。边上围着很多人，他们说电线有电，不能浇水，我就没敢泼。""有个女孩被熏死了，可能因为是晚上，睡着了没跑出来。"有不少围观者都对年轻女孩的死亡表示惋惜。"听说才20来岁，太可惜了。"村子里的人都晓得着火一事，然而无一人能说出遇难女孩的身世。"着火的时候一楼停着不少电动车，可能是电动车充电的时候引发的火灾。"刘女士告诉记者，村里的租客有不少将电线从楼上抛下来给电动车充电，一充就是一晚上。"晚上消防车来的时候，有些路段都被堵得死死的，消防车是擦着边进来的。最后挪进来足足用了半个小时。"租客王国栋的住所离着火的楼房并不远，隔着百十米。王国栋与妻子在宋刘村居住了一年多。据了解，宋刘村现有约1000户人家，村里尚未进行商业开发，不少村民看到出租房屋的巨大利润后，纷纷选择加盖自己的楼房，有的楼房甚至加盖至八层高。大多数自建楼房均被隔成三四十个小单间，每个单间以每月四五百元的价格对外出租。电线纵横交错，因超负荷晚上经常停电。纵横交错的线杂乱无章，这是宋刘村的"一景"。"这里经常停电，电线普遍负荷较大，也容易出问题。"王国栋说。晚上天冷，王国栋和妻子一般同时开着电暖器和电热毯，这些都是大功率电器。居住在此的多数是生意人和上班族，他们的生活规律一致，到了晚上用电高峰来临，而晚上七点多钟停电，对他们来说是很经常的事。"电水壶烧水、热水器洗澡、电饭锅做饭，这些都得用电，电压负荷很大。一栋楼里面多的住着二十多户，这得多大的电压。"记者注意到，不少住户家里都通着一根三四厘米粗的电缆，王国栋告诉记者，也不知道这些电缆的质量如何，容易招致火灾。"一脚就能把墙踹烂，住这里能不担心吗"30平左右的房子，独立卫生间、厨房、卧室、小客厅一应俱全，租金只有500元，在王国栋看来这很划算。搬来没多久，王国栋就买来洗衣机、冰箱、电视等家电，在这里安了家。尽管在这安了家，王国栋对这里的条件还是不满意。"家里的墙只有十几厘米厚，说句不好听的，我一脚就能踹烂了，你说住在这里能不担心吗？"王国栋住的楼有6层之高，他和妻子住在五楼的一个套间里。王国栋说，这里的很多房子没有地基，直接就是在原来老宅基地的基础上一层层加盖起来的。这就像放在地上的一个盒子一样，没有根。平时，王国栋送货的三轮车就放在楼下，充电的时候拉根软线从五楼一直顺到一楼，一充便是一晚上。王国栋介绍，像他这样充电的人还很多。

2014年12月26天安徽省阜阳市颍州区王店镇发生一起火灾，致5人死亡，6人受伤。接到火灾报警后，市公安消防支队立即调派消防车辆、40名指战员赶赴现场扑救，4时40分许，火被扑灭。

二、2013年全国亡人火灾或重大火灾典型案例汇编

2013年1月1日凌晨，浙江省杭州市萧山区瓜沥镇工业园内的友成塑料模具公司厂房发生大火。3名消防员在火灾扑救中牺牲、2名消防员受伤。此次火灾过火面积超过1.2万平方米。因火势较大，各级消防部门共出动超过60辆消防车、近400名消防官兵救援，扑救过程逾12小时。

2013年1月1日16时55分，江苏省无锡市新区旺庄红旗村荣巷206号发生火灾，造成1人死亡。起火部位位于无锡市新区荣巷206号与无锡市新区荣巷75号之间巷道内搭建的简易房二层，起火点位于该简易房二层地铺北侧床沿，不排除遗留火种导致的火灾。

2013年1月3日21时21分，江苏省南京市白下区升州路368号2楼发生火灾，造成1人死亡。该起火灾起火部位位于白下区升州路368号二楼钱玉珍居住的房间东侧中部二楼地板与地板下老式木质吊顶之间，不排除遗留火种引发火灾的可能性。

2013年1月4日14时24分，江苏省南京市浦口区左所后街15号刘某家发生火灾，造成1人死亡。起火部位位于一楼南侧房间木床西南侧。起火原因为室内煤炉引燃周围可燃物，导致火灾发生。

2013年1月4日9时14分，江苏省盐城市开发区境内盐徐高速淮安方向45公里处桥东黑MP212挂货车发生火灾，直接经济损失达274.92万元。此次火灾起火部位位于轿运车挂车部分右侧前排轮胎处。起火原因可以排除人为纵火和车辆电气故障引发的火灾，但不排

除挂车部分右侧前排轮胎部位因机械摩擦产生高温引燃橡胶轮胎引发火灾。

2013年1月4日8时许河南省兰考县有着"爱心妈妈"之称的河南兰考人袁厉害家中发生火灾,七名孩子丧生。1月4日,河南省开封市兰考县一民房(民间收养弃婴场所)因小孩玩火发生火灾,造成7名儿童死亡、1人受伤。袁厉害以收养遗弃孩童闻名,袁在兰考县城没有固定住处,平时都和收养的孩子住在摆摊的棚子里。经过现场勘验、技术鉴定、模拟实验、调查询问,认定这起火灾的起火部位位于袁厉害住宅的一楼客厅内,起火原因是其住宅内的儿童玩火所致。

图7-4 梦里香宾馆火灾

2013年1月5日3时38分,江苏省无锡市锡山区张泾711公交站台旁边梦里香宾馆发生火灾,造成1人死亡。此次火灾不排除是因电气线路故障引发。

2013年1月6日上海农产品中心批发市场发生火灾,死亡6人(有的报道5人死亡),14人受伤。收治伤者的长海医院烧伤科副主任医师马兵介绍,目前长海医院收治了8人,其中3人重度烧伤,2人中度烧伤,2人轻度烧伤,1人轻度擦伤。重度烧伤中一位是57岁女性,烧伤面积达85%,有严重的吸入性损伤;还有一位9岁小女孩,烧伤面积达到48%,有严重的吸入性损伤。

2013年1月7日河南省郑州市东风路一家属院发生火灾，两位老人被发现在失火的家中遇难。

2013年1月7日凌晨，郑州市东风路与信息学院路交叉口附近的郑州轻工业学院家属院内，一户居民家中发生火灾，由于门窗紧闭，周围的邻居毫无察觉。直到2月1日上午，家属感觉不对劲儿，回家查看时，才发现大火已经熄灭，两位老人倒在浓烟密布的屋内。

2013年1月7日9时19分，哈尔滨市中兴大道45号国润家饰城发生火灾。起火建筑为地上五层、地下一层，建筑面积52056平方米。火灾造成一层全部过火、二层、地下一层局部过火，过火面积15000余平方米。该商场主要经营床品、布艺等家庭用品。该商场发生火灾后，商场进行自救导致火势扩大后才报警。119指挥中心9点19分接警后，先后调动20个消防中队、95台消防车，出动官兵440人赶赴火场开展灭火救援，共疏散业户及群众600余人，抢救遇险人员5人，无人员伤亡，火灾于1月7日11点30分得到有效控制，15点30分扑灭。记者从哈尔滨市公安局获悉：火灾原因初步认定为，该商场在东墙外侧安装观光电梯时违章电焊作业引燃商铺可燃物导致火灾发生。

2013年1月8日江苏常熟市虞山镇新建家苑一户居民住宅发生火灾，3人死亡，2人受伤（后送医院抢救无效死亡1人）。该起火灾起火部位位于该住宅客厅西南部，起火原因为该处吊顶上筒灯电气故障引燃下方可燃物所致。江苏省苏州常熟市119消防指挥中心接到报警后立即调集服装城专职队3辆消防车、18名队员前往扑救，经消防官兵奋力扑救，3时38分火势得到控制，3时48分被彻底扑灭。这次火灾扑救中，抢救被困人员2人，疏散人员5人，保住了毗邻的房屋，最大限度地减少了火灾损失和人员伤亡。火灾造成4人死亡（杨某某，女，1988年10月22日出生，福建晋江人；颜某某，女，1991年11月21日，福建晋江人；柯某某，男，1990年10月25日，福建晋江人；杨某某，女，1991年11月1日，福建晋江人）。1人受伤（王某某，女1989年5月4日，福建晋江人），过火面积约100平方米。火灾造成直接财产损失约30万元。

2013年1月8日9时30分许，宝山区联水路881号一家废油加工厂突发大火，一名年仅22岁的工人逃生不及，葬身火海。据目击者

图7-5 火灾后室内情况一

图7-6 火灾后室内情况二

图7-7 火灾后室外情况

称，事发时，这家废油加工厂内浓烟滚滚，还不时传出几声爆响，由于是油料起火，火势蔓延迅速，很快便将厂房吞噬。

2013年1月8日1时21分，江苏省南通经济开发区江山路998号南通江山农药化工股份有限公司发生火灾，3人受伤，1人死亡。

2013年1月9日广东省广州市白云区广州大道北一自行车店铺因电线短路发生火灾，造成3人死亡。

2013年1月9日广东省广州市一自行车店发生火灾，3人死亡。

2013年1月10日16时03分，江苏省扬州市广陵区安康路顾庄新村32栋206室罗某家发生火灾，造成1人死亡。火灾是因遗留火种引燃周围可燃物所致。

2013年1月11日凌晨，上海市宝山区沪太路9606号一公司宿舍发生火灾2人死亡。1月11日，上海市宝山区沪太路9606号龙子太郎儿童用品宿舍因放火发生火灾，造成3人死亡，3人受伤。据了解，这起火灾为有人故意纵火所致。据宝山警方介绍，经初步调查，火灾系宿舍内员工陈某因纠纷而故意放火引发，陈某在放火过程中死亡。

2013年1月11日22时许，河南省安阳市内黄县楚旺镇二号路一处二层商铺发生火灾，由于火势凶猛，造成2人死亡，2人受伤。事发的商铺上下两层共六间，商铺的一侧是一家美发店，由于大火蔓延，美发店的招牌一角已被熏得漆黑。与事发店铺一墙之隔的店铺，在该店后院，二楼阳台由于受大火"牵连"，已是漆黑一片。母女二人被火海吞噬。1月13日11时许，记者在该市151医院烧伤整形科病房见到了葛焕堂。今年57岁的葛焕堂一夜之间失去了两位亲人，而他自己也因为冲进火海救人，导致面部被严重烧伤。"11日晚上，我正在睡觉，但突然感觉不对，起床一看，发现楼下着火了，就马上拨打了119，随即喊邻居帮忙救火。虽然我第一个从火海中逃了出来，但忽然想到还睡在屋里的儿媳妇朱贝贝和她的母亲安海燕，我又再一次折了回去，从李书明家二楼跳回我家二楼，本想着救出她们母女二人，可无奈当时烟太大了，我进去之后什么都看不见，摸了半天也没有摸到人，眼看着火势越来越大，我咬着牙跳了出来。"葛焕堂强忍着内心的悲伤向记者讲述了当晚发生的事。和葛焕堂一同被送往市151医院治疗的还有朱贝贝的弟弟朱行行，由于家住在事发地附近，葛焕堂在发现着火时拨通了朱行行的电话，通知他前来救火，而朱行行也在救火时被烧伤。

2013年1月12日凌晨，浙江省温州鹿城区底垟儿巷一两层半砖木结构民房发生火灾，造成4人死亡。凌晨3时30分，温州消防部门接到报警后，立即赶到现场扑救，火灾于5时许被彻底扑灭。

2013年1月12日，广西壮族自治区来宾市兴宾区大桥路一居民楼发生火灾，店主罗某及其亲属四人不幸遇难。

2013年1月12日8时26分，江苏省徐州市沛县安国镇丁庄村16号发生火灾造成1人死亡。火灾起火部位位于东侧房间南侧，起火点位于南侧窗户附近，不排除遗留火种引发火灾的可能。

2013年1月12日凌晨3时31分，温州市鹿城区底垟儿巷22弄一间两层砖木结构民房发生火灾，过火面积约75平方米，不幸造成一家三代四人（2男2女）死亡。

2013年1月15日早4时，吉林省桦甸市夹皮沟镇老金厂金矿发生坑道火灾，致10人死亡，28人受伤住院接受救治。

2013年1月15日，北京市海淀区豪雨林家政公司因使用电加热器具不慎引发火灾，造成3人死亡。1月15日17时04分，北京市公安消防总队作战指挥中心接到北京市海淀区豪雨林家政公司起火的报警，迅速调派双榆树中队、首体南路中队、西直门中队、什刹海中队、亚运村中队共5个中队26部消防车赶赴现场处置。

2013年1月19日22时44分，上海市青浦区赵巷镇星光村5队224号一简易棚发生火灾。上海市应急联动中心（消防指挥区）接警后，速派赵巷、青安、白鹤等7个消防中队的13辆消防车赶赴现场处置。消防官兵于22时51分到场。23时17分大火被熄灭。火灾造成3人死亡（三人系父子关系，安徽籍）。经初步了解，起火建筑系村民在自留地上租户擅自用木板等搭建的单层结构简易棚，共8间，共住了10人，总建筑面积150平方米，燃烧面积约150平方米。

2013年1月20日，广东省东莞市长安镇霄边社区大塘路甘元三巷发生火灾。经初步调查，此次火灾的起火部位为一销售皮鞋的小商铺，过火面积约40平方米。火灾共造成3人死亡，分别为该小商铺租户的34岁的妻子、8岁的儿子和25岁的弟弟，死者均为福建泉州人。接报后，该镇消防大队迅速派出5辆消防车、28名消防指战员赶赴火灾现场进行灭火救援。东莞市消防支队还迅速调集了大岭山的1辆消防车、6名消防官兵前来长安镇增援。

2013年1月20日20时16分，江苏省徐州市丰县欢口镇中山西路徐州市丰县地方税务局第五税务分局发生火灾，造成1人死亡。火灾原因不排除是因死者生前生活用火不慎引起可燃物燃烧所致。

2013年1月24日，河南省焦作市解放区建设中路建材公司家属院一民房发生火灾，造成6人死亡。

2013年1月26日10时08分，江苏省徐州市丰县宋楼镇刘王楼村4组504号刘某家发生火灾，造成1人死亡。

2013年1月26日12时32分，江苏省泰州姜堰市俞垛忘私村万福桥北边忘私南路29号发生火灾，造成1人死亡。

2013年1月27日5时01分，江苏省扬州市广陵区头桥镇红桥乾丰村十二组20号发生火灾，造成1人死亡。火灾不排除是隐患用火不慎或吸烟所致。

2013年1月27日5时52分，江苏省南京市六合区雄州街道西外街16巷205室张某家发生火灾，造成1人死亡。火灾是因使用取暖器不慎，引燃周围可燃物所致。

2013年1月28日1时36分，江苏省常州市新北区前桥小区16栋丁单元102室发生火灾，造成1人死亡。起火部位位于南侧东面房间木床西南侧，不排除室内油汀引燃周围可燃物导致火灾发生的可能性。

2013年1月29日14时07分，江苏省南京市六合区雄州街道米巷小区6幢107室常某家发生火灾，造成1人死亡。火灾是因常某吸烟不慎引燃周围可燃物所致。

2013年1月29日，贵州省遵义市绥阳县太白镇高坪八队一民房发生火灾，造成3人死亡。64岁的房主梁某与其两名不到10岁的外孙在火灾中遇难。当日上午，当地消防部门接警赶到现场时，民房已化为灰烬。消防部门结合现场情况分析认为，火灾大约发生在当日凌晨4时左右，由于杨某的民房周围并无村民居住，火灾发生时无人发现，大火应该是烧完这栋民房所有可燃物后自行熄灭的。29日早上8时左右，一位路过的村民发现仍在冒烟的民房，于是拨打了报警电话。

2013年1月30日早6时50分许，位于黑龙江省虎林市迎春镇中心路一处烟花爆竹临时销售点起火燃烧，事故造成2人死亡。经调查，该烟花爆竹临时销售点于2013年1月20日经虎林市安监部门审批后，取得烟花爆竹临时销售许可证。

  2013年2月2日，河南省郑州市沙口路某小区一居民住宅发生火灾，造成1人死亡。

  2013年2月2日凌晨0时13分，江苏省镇江市丹阳市访仙镇春芳车辆附件加工点门卫室发生火灾，过火面积约20平方米，造成4名未成年人死亡（4名遇难者为兄妹，系在该加工点打工的外来务工人员的子女）。

  2013年2月2日2时23分，辽宁省阜新市彰武县中华路南侧的美国加州牛肉面大王面馆发生火灾，过火面积130平方米左右，造成5人死亡（1名店主、4名员工，均为女性）死亡，1人受伤，起火建筑为3层框架结构，一层为餐厅，二层为面点间和库房，三层为员工宿舍。

  2013年2月2日11时52分，常州市新北区孟河镇黄家村15组一民房发生火灾。12时25分消防人员救出1人送医院抢救。12时45分大火被公安消防队扑灭。火灾过火面积约45平方米，主要烧毁的为家中日常用品。18时28分，被救者经医院抢救无效死亡，女77岁，独居。火灾是因用火不慎所致。

  2013年2月6日江苏省南通市启东一民房火灾1人死亡。2月6日13时53分，启东市天汾镇如意村3组一朱姓人家发生火灾，14时45分经公安消防中队扑灭。火灾过火面积20平方米左右，死亡1人（女，91岁）。

  2013年2月7日5时51分，连云港市新浦区南极北桥一民房发生火灾，6时10分火灾被公安消防中队扑灭。火灾造成1人死亡（女，6岁），过火面积18平方米。

  2013年2月7日17时17分，栖霞区马群街道百水芊城云水坊4栋某单元3楼一居民家发生火灾，造成1人死亡（男，15岁），过火面积约10平方米。起火建筑为6层的砖混结构居民楼。

  2013年2月7日21时21分，盱眙县管镇镇车岗村一民房发生火灾。22时06分公安消防队将大火扑灭。火灾造成1人死亡（男，59岁），过火面积约10平方米。

2013年2月7日18时25分，河南省信阳市浉河区航空路富丽华小区23号楼3单元一楼楼道口着火，造成4人死亡。

2013年2月9日2时37分，丹阳市司徒镇三桥杨巷村一民房发生火灾，经2个公安消防中队扑救，火灾于3时25分被扑灭。火灾造成1人死亡。死者男性，70岁，独居，患有老年痴呆症，腿脚行动不便，嗜好吸烟。此次过火面积23平方米，主要烧毁家中的日常用品。火灾可能是因吸烟引起。

2013年2月10日上午10时20分左右，梅州市五华县棉洋镇黄桥街25号苑芳五金店发生火灾。火灾造成4人死亡，1人受伤，过火面积约200平方米。目击者称火灾由燃放烟花爆竹引起。五华县公安消防大队接警后出动4台消防车、14名消防官兵赶赴现场进行扑救，现场救出一名被困人员。该建筑共4层，首层为家用电器店铺，2~4层为居民住宅，建筑面积约200平方米。据现场目击人员反映，店主一亲戚在其店门口燃放爆竹后发生火灾，火势从一层向二、三、四层迅速蔓延。

2013年2月11日浙江省台州椒江区一渔具店发生火灾，2人死亡。该民房起火部位为底层渔具店，过火面积约50平方米。

2013年2月12日深夜11时左右，江苏省扬州市区梅岭东路上某老年公寓一老人房间起火，造成一名96岁老人死亡。火灾发生后，该老年公寓立即组织自救，并及时向消防部门报警。火灾于深夜11时30分被扑灭，由于抢救及时，未造成更大的财产损失和人员伤亡。经初步调查，火灾原因系老人卧床抽烟引起。事故发生后，当地党委政府负责同志均赶到现场，妥善安置公寓老人，并要求相关部门，举一反三，再次组织安全检查，确保人民生命财产安全。

2013年2月12日，东莞市义某机械有限公司（以下简称公司）的厂长任某波在公司值班时，发现公司生产车间顶棚发生火灾，任某波在救火过程中，由于车间顶棚破裂落至地面被砸，随后被送入医院，抢救无效死亡。

2013年2月14日北京朝阳区八旬聋哑老太独自蒸馒头，因失火死亡。当日中午,朝阳区南新园小区一户居民家中起火。由于小区消防通道被堵,消防车无法停到楼下,救火很是费了一番周折。火灾中,一名八旬老人不幸殒命。起火的居民家位于该楼4层,是个一居室,屋内墙壁被烧得漆黑,厨房里的物品被烧光。据小区居民王先生说,中午时,忽然见到这家冒出浓烟,就赶紧呼喊大家前来救火。"家中只有一位八旬的聋哑老太,这可怎么办呀?"眼瞅着火势越来越大,众人有些束手无策,只有等待消防前来救援,并四处联系老人的家属。12时30分许,华威桥消防中队出动5辆消防车前往救援。等消防员将火扑灭后,众人将被困的老人从屋中抬出,送往垂杨柳医院进行抢救。当晚,老人的家属告诉邻居,老人已去世。据悉,事发当天,儿子等人出门办事,只留下这名聋哑老太一人在家。老人自己摸索着点火要去蒸馒头,随后厨房起火。多名小区居民反映,小区所处的出口是一个狭长的胡同,两边都划满了停车位。这次火灾中,消防车根本进不来,不得不在大门口停下。

2013年2月15日晚,浙江省金华市金东区孝顺镇龙潭下村发生火灾,造成7户(有的报道是6户)20余间房屋烧毁、1人死亡。火灾烧毁两三百平方米的土木结构老房,其中一名行动不便的孤寡老人遇难。

2013年2月16日凌晨2时许河北高阳庞口镇发生火灾,大火持续燃烧12小时,直到下午14时许大火才被扑灭。现场很多商铺被火舌吞没,火灾中燃烧的大多是一些皮带轮、皮带条等,无人员伤亡。据了解,市场内的商铺大多是由彩钢板建成,过火面积约一千平方米。

2013年2月16日天津市复康路与碧欣路交口附近,一家名为川鲁新的饭店地下室着火,多人被困。约一小时后,火被消防人员扑灭。灭火的同时,消防人员展开火场大营救,先后救出6名被困人员,其中1人受伤入院,1人不幸身亡。当日13时10分,记者来到现场看到,复康路立交桥往外环线方向下桥处,路边停着五六辆消防车。据饭店工作人员讲,当时是11时20分,地下室突然起火,冒出滚滚浓烟,两名工作人员手持灭火器进入地下室灭火,不幸被困。火灾发生后,有人紧急拨打了110和119报警电话。接到报警后,属地派出所民警和消防队救援人员很快赶到现场。此时,浓烟蹿入饭店,导致楼上多人被困。消防救援人员兵分两路,一路逐层上楼,疏散楼上人员。救援人员借助消防梯,从窗户上救下4名被困者;另一路利用两支水枪掩护前往地下室,4名消防战士佩戴空气呼吸器,打开照明灯具,深入火场搜救另外2人。由于能见度极低,4名战士先后4次冲入火场搜救,均未能找到2名被困者。消防特勤三中队救援人员携排风机赶到,在排出地下室浓烟的同时,消防人员第5次进入火场搜救,仍因能见度低,未能成功。13时,经不断努力,消防人员终于找到两名被困者,将他们救出,由120救护车送往附近医院抢救。13时20分,火被完全扑灭。14时30分,记者从医院获悉,获救的两名被困者为一男一女,男子已经住院治疗,女子不幸身亡。据现场救援人员讲,经初步调查,为地下室内一辆夏利轿车起火,火又引燃了泡沫塑料和一处员工宿舍内的被褥等物。

2013年2月18日6时30分许,唐山市迁西县城关景忠东街1个3层超市发生火灾。熊熊烈火燃烧了近6个小时方被扑灭,整个超市几乎被烧成了空壳。大火燃起时,楼内共有7人被困。经过紧急救援,7名被困人员全部被搜救出。其中1人已被确认死亡,4人经医院初步确认无生命危险,其余2人正在救治中。在火场西侧数百米处,警方已经将景忠东街全线封闭。原本摆在道路中央的隔离带也被临时安置在路边,给消防车和救护车腾出位置。在现场,众多消防官兵正在紧张的扑救当中。虽然已经看不到明火,但是超市的窗户内仍然不停地冒着浓烟。空气中也弥漫着一股呛人的焦糊味。从已经破烂的窗户朝内望去,超市内几乎都已经过火。就连楼顶上加盖的1层彩钢房也被烧成了空壳。浓烟和大火引来了数百位市民围观,虽然一直有民警在现场维持秩序,但是这些市民还是给消防车和救护车的进出以及周边的交通带来了巨大的压力。据介绍,被困者多是年轻的女孩。

2013年2月20日发生在湖南省新宁县大兴路的火灾,过火面积约600平方米左右造成一名12岁小孩死亡。据现场一位知情人透露,当时有7位被困的居民经消防官兵全力解救脱离险境。当天8时03分,消防中队接到报警称大兴路87号发生火灾,立即调集4辆消防车、19名官兵赶赴现场扑救,大队2名值班领导也随即赶到现场指挥。8时07分,消防官兵到达现场后发现,起火的是大兴路87号的大胡子副食店和雷士照明店，建筑6层，由于店内存放大量可燃材料和少量鞭炮，已进入猛烈燃烧阶段，火势通过建筑内楼梯形成烟囱效应，飞速向上蔓延，形成立体燃烧，多层同时着火，并有多名群众被困。根据现场情况，消防官兵立即组织进行火情侦察，派出2个搜救小组深入现场进行搜救。根据现场侦察和了解的被困人员情况，中队云梯车迅速停放至起火建筑另一侧的松枫南路，伸开云梯，展开救援。利用云梯车以及搜救组内攻营救的方式，消防官兵成功救出肖某等7名被困人员。在得知四楼还有一个小孩被困后，消防官兵又派出3个搜救小组通过云梯等方式进入楼内搜索寻找被困者，现场公安民警也积极参与搜索。为尽快找到被困人员，现场消防官兵多次搜寻，并与被困人员亲属及熟悉建筑的人员反复深入火场搜寻，但均未发现被困人员。在搜索过程中，有人曾告知小孩已经找到，但随后又反映，小孩失踪。现场指挥部随即要求进一步加大搜索力度，但未发现被困人员。在全力救人的同时，消防官兵立即报请县委、县政府启动应急预案，增调相关单位到场协助处置。新宁县委和县政府、县公安局、安监局的领导先后到达现场指挥灭火战斗，110、交警、120等单位也到达现场协助处置，供电部门切断了现场电力。消防官兵利用附近消火栓和运水供水等方式保证车辆供水，并利用大功率和东风水罐车各出一支水枪控制火势向周边门面及向上蔓延。由于现场情况复杂，可燃物多，燃烧面积大，11点左右现场火势被全部扑灭，12点左右余火清理完毕。火灾扑灭后，经过反复清理，最终在一楼一门面内发现了遇难者。

  2013年2月20日凌晨3点左右，山东省淄博市张店区步行街一个旅馆发生火灾。火灾造成两人身亡，一人送往医院后死亡，多名伤者被送往医院救治。着火的是一家小旅馆，有3层，着火的房间位于二楼。2名女子在3楼的窗户上求救，消防官兵用梯子将2名女子救下。有消防官兵佩戴防护工具进入火场搜救，不一会儿，一男一女两名房客被救下楼。很快，消防官兵又救出一男一女两名已经昏迷的房客。过了一会儿，消防官兵又救出3名昏迷的男房客。事后记者了解到，这三名房客被发现时，都躲在房间卫生间里，但都已经昏了过去。与此同时，另一组消防官兵在二楼的房间里发现了2名被困的房客，但这两名房客被救出时已经死亡。据了解，还有一人在送往医院后死亡，其他人有不同程度的一氧化碳中毒症状。

2013年2月20日23时20分左右,江苏省扬州市高邮市经济开发区奥林村5组20号一芦姓人家住宅发生火灾,23时30分被高邮市消防中队扑灭。火灾共烧毁房屋2间,过火面积20平方米,死亡1人(男性,74岁)。

2013年2月23日2时59分,浙江省台州温岭市泽国镇牧屿管理区牧西村中行西路一出租屋发生火灾,过火面积约120平方米,造成8人(均为外地打工者)死亡,2人受伤。起火建筑为地上5层(局部6层)的砖混结构民房,建筑面积约700平方米。

2013年2月25日5时30分许,无锡市119指挥中心接到报警,位于无锡市鹅湖镇新桥村陆家墩6号的安勇康住宅发生火灾。安镇消防中队、荡口专职消防中队分别迅速出动4辆、2辆消防车,36名消防官兵赶赴现场扑救。起火建筑为二层民宅,过火面积20平方米,死者为一名62岁男性,被发现时在二楼阳台上。二楼西侧房间首先起火。

2013年2月25日凌晨3时30分,公主岭市公安局东三派出所接到报案称,东三街一家足疗店发生火灾。所长王洪庆拨打119火警报警后,带领民警赶到浓烟滚滚的火灾现场,抢救屋中被烧伤的4名伤员,及时送往医院抢救。当时,4名伤者重度昏迷,神志不清。民警经现场勘查,认定是人为纵火。

2013年2月25日贵州省贵阳市白云区麦架镇的柏丝特化工有限公司一生产车间发生原材料泄漏燃烧事故,目前已造成该厂5名员工受伤,近3万名民众转移。

2013年2月25日凌晨6时,浙江省临海市大洋闸头十字路口一店面发生火灾,造成1人死亡,1人受伤。

2013年2月26日凌晨,浙江台州市路桥区路北街道马铺路一间街面杂货店发生火灾,事故造成4人死亡。事故发生在凌晨2时许,当地消防部门赶到现场后一个小时便将大火扑灭,但是在清理火灾现场时发现了4名遇难者的遗体。据知情人透露,死亡的4人为杂货店一家人,包括两位老人以及他们的女儿(26岁)和外甥女。

2013年2月27日上午9时许,宝鸡市金台区陈仓镇联盟村二组一租住民房发生火灾事故，过火面积 20 余平方米，一人因火灾不幸死亡。记者到达现场后，看到这是一个分里外两部分的二层小楼，着火的是里面的砖木结构楼体的二层，着火点在二层楼最右边的一间房子，消防队员正在二楼进行紧张的营救。据周围群众介绍，该楼已经 20 多年了，二楼住的全是租住户，上午 9 时许，二楼拐角处的房间窗户冒出浓烟，有人看到后急忙拨打了火警电话。但没想到着火时有一名租户在房间内，火势蔓延后未来得及逃离而致死，之后火势又继续蔓延到隔壁的房间。9 时 30 分消防队员到达现场，11 时火被扑灭。两间房内的物品基本被烧光，幸好着火时大多租户都不在家。据了解，起火房间租户是一名 40 多岁的男子，房里生有煤炉取暖，死者和妻子、女儿一起居住，当天早上妻子上班、女儿上学不在家。

2013 年 2 月 28 日 20 时许，河北省张家口市怀来县艾家沟煤矿发生火灾事故，2 名失踪人员中已有一人被证实死亡。事故共造成 12 人因一氧化碳中毒死亡，还有 1 人仍在搜救中。

2013 年 3 月 5 日 14 时广西壮族自治区桂林市灌阳县灌阳镇大仁村杨家田屯因村民私自炼山跑火引发森林火灾，将正在相邻杉木林地施肥的一对村民夫妻困于火场并烧死。火灾已于 16 时扑灭，过火面积约 13 公顷（其中林地面积约 5 公顷）。肇事者已被公安机关控制。

2013 年 3 月 6 日晚，金昌市河西堡镇盐站家属楼地下室、雅盐转运站家属楼地下室、金苑商贸城和农行家属楼地下室等四处先后发生火灾，造成商贸城内过火面积达 691.86 平方米，烧毁商贸城内商铺 9 间，同时将三栋家属楼地下室内堆放的居民杂物烧毁。接到报警后，金昌市公安局消防支队立即调集特勤中队、金川中队和河西中队消防警力 60 余人、消防车 6 台进行火灾扑救，至 7 日凌晨 1 时许，4 处火势已全部扑灭。初步统计经济损失三百七十多万元。金昌市公安局副局长刘建国介绍，案件发生后，公安机关通过通力协作和昼夜奋战，仅用不到 72 小时便将此案成功破获。初步查明案情：犯罪嫌疑人陆某某生于 1995 年 4 月，作案时未满十八周岁，系永昌县河西堡镇河西堡村九社村民，因对父母和打工工资薪酬不满，遂产生发泄私怨、制造混乱心理。陆某某在当晚 22 时 10 分至 23 时许，先后对河西堡镇盐业公司家属楼、雅盐公司转运站家属楼、金苑商贸城和农行家属楼等四处共 11 个位置进行放火作案，商贸城内过火面积达 691.86 平方米，烧毁商贸城内商铺 9 间，造成重大财产损失，同时将三栋家属楼地下室内堆放的居民杂物烧毁。刘建国介绍，公安机关查明，犯罪嫌疑人陆某某因个人私怨产生不满报复心理，进行放火犯罪，危及公共安全，造成严重后果，其行为已触犯《中华人民共和国刑法》第一百一十四条之规定，涉嫌放火罪，现已被依法刑事拘留。

2013 年 3 月 11 日 20 时 33 分，丽江古城光义街现文巷 41 号发生火灾，明火于 23：47 分被扑灭。大火造成 13 户 103 间建筑被烧，过火面积 2243.46 平方米，大火未造成人员伤亡，但不少商家损失巨大。市消防支队指挥中心接到群众报警后，出动 4 个中队 11 车次 68 人，调动当地 8 支志愿消防队 72 人参与灭火。另外，在古城旅游的游客和群众也自发参与火灾扑救。

2013 年 3 月 16 日上海市嘉定出租房发生火灾，一年轻女子死亡。事故地点位于江桥鹤望路 365 弄 97 号 3 楼，目击者说，房间内有些许被熏黑的痕迹。房东陈先生告诉记者，租住他房屋的是一位 30 岁的山东来沪女子，姓宋，她已经租住他的房屋近两年。昨天中午，有人发现房间内有少量烟雾飘散出来，随即报警，消防、公安赶赴现场后进入房间，发现房间内宋某已经不幸死亡。据小区居民反映，死者生前做小商品生意，房间内堆放着不少商品。

2013 年 3 月 18 日浙江省乐清非法培训机构发生火灾，造成 1 学生死亡 6 人受伤。经初步调查，起火房屋为一幢 7 层的综合楼，一层为手机卖场，二层以上为一家社会培训机构的学生托管培训用房。此次火灾共造成 1 人死亡 6 人受伤，不幸遇难的是一名 13 岁的学生，伤者为 4 名学生和 2 名培训机构员工。当晚 22 时 40 分，乐清市消防大队值班室接到 110 指挥中心指令后，立即调派柳市中队 3 辆消防车、乐清中队 2 辆消防车共 31 名消防官兵赶赴现场，同时调派柳市镇 3 支专职消防队 4 辆消防车赶赴现场。22 时 45 分许，消防队员相继到达现场，发现起火的一层已经全面燃烧，火势正在向上迅速蔓延。"楼上还有很多人被困！"现场群众看到消防官兵赶到后，焦急地求助。据悉，发生火灾时，楼内住有 9 名培训机构员工和 25 名学生。消防官兵一边全力压制火势，防止火势向楼上蔓延，一边冒着高温浓烟冲上楼去，逐层搜救被困人员。一名救援人员说，当他们搜救到被困人员时，有的已经被烟熏得没一点力气，消防官兵冒着生命危险把他们抬出来、抱下楼，迅速转移至安全地带。截至 23 时 5 分，被困人员在 20 分钟内全部获救或转移。19 日零时 30 分许，火势被完全扑灭。随即，有关部门将伤者分别送到温州 118 医院和温州附一医院抢救。两家医院均开通绿色通道，全力救治伤员。遗憾的是，13 岁的小林同学因吸入浓烟过多，经医院抢救无效死亡。记者从医院了解到，目前，受伤的 6 人中，除 1 名学生伤势较重外，其他 3 名学生和 2 名员工情况稳定。事故发生后，乐清市、柳市镇相关负责人迅速赶赴现场，指挥抢险救援及善后工作。经初步调查，这家名为"功力培训托管中心"的社会培训机构，未经相关部门批准。目前，该托管中心的相关负责人已被乐清警方控制。

2013 年 3 月 18 日 3 时 34 分，江苏连云港市赣榆县墩尚镇大道口村西面一间民房发生火灾，造成 1 人死亡（男，72 岁）。

2013 年 3 月 20 日上午 11 时 17 分，苏州市工业园区苏桐路 109 号百瑞美特殊材料（苏州）有限公司露天石蜡原料堆垛发生火灾，苏州市 119 指挥中心接到报警后，先后调集 6 个中队和支队机关 100 余名官兵奋力扑救。13 时 30 分大火被扑灭。然而，一位消防官兵却不幸牺牲。下午 14 时左右，在清理火灾现场过程中，苏州市消防支队特勤二中队中队长助理全沾蓉不慎滑落掉入厂房南侧的贮水槽中（50 米长、2 米宽、2 米深），现场官兵立即展开施救。全沾蓉于 14 时 20 分从漕沟中被救出，并被迅速送往医院救治。由于漕沟上方覆盖较厚的高温石蜡溶液、漕沟内残液温度很高，全沾蓉因抢救无效，于 15 时 30 分光荣牺牲。全沾蓉，山东莱阳人，1985 年 7 月 18 日出生，2002 年入伍，中共党员，上士警衔，入伍期间，一次被评为"优秀共产党员"，两次荣立三等功、一次荣立嘉奖，四次被评为"优秀士兵"、连续四次被总队、支队评为"红旗车驾驶员"。此次火灾由无证电焊工作业引发，导致飞溅的火花引燃石蜡外包装。事发后，潜逃的无证电焊工已被抓获，火灾造成直接损失 2100 万元。

2013 年 3 月 23 日，辽宁省沈阳市中街商业街附近的一栋居民楼 3 楼一户人家发生火灾，2 人死亡。

2013年3月23日4时29分左右,江苏宿迁泗洪县太平镇塘怀村3组一民房发生火灾。5时45分火灾被扑灭。过火面积约60平方米,火灾造成1人死亡(女,74岁,1938年11月生)。

2013年3月27日5时07分,江苏省镇江市润州区五凤口社区张家湾一民房发生火灾。过火面积约2平方米,烧毁日常用品,造成1人死亡(1989年7月生,男,独居)。

2013年3月28日早上约6时,广东茂名市电白县城绿景苑小区一栋住宅楼发生火灾,造成1男4女共5人死亡,另有5人因吸入浓烟不适而送院治疗。茂名市委宣传部发布通稿称,经初步调查,事故原因为该小区五楼的一住户为停放在一楼的电动车充电而引发火灾。住在事故住宅楼对面的刘先生说,"大约5时40分,我被'嘭、嘭'的玻璃爆裂的巨响吵醒,走出阳台一看,发现T栋2梯的楼梯口位置浓烟滚滚,里面停放的电动车、摩托车正在猛烈燃烧……"起火后不久,先后来了4辆消防车,以及多辆警车和大批救援人员,并迅速展开救火、救援和疏散周边民众等工作。事故原因初步查明系一楼停放的一辆电动车,在充电的时候线路起火,引燃旁边摩托车,造成里面停放的12辆摩托车和电动车全部着火,火势沿着外墙和楼梯向上燃烧。记者从群众提供的手机视频看到,当时火势非常猛,喷出来的火球有近三层楼高,将墙体材料、摩托车、楼梯扶手等烧得啪啪作响,整个现场浓烟滚滚……火灾共造成5人死亡。记者从电白县了解到,1男4女5名死者分别来自两个家庭:其中一户为居住在四楼的一家三口(一对夫妻和7岁女儿),另一户为居住在三楼的一对母女(女儿11岁)。5名伤者中,有3人被送到茂名市人民医院救治,其中一对是父子,另一人是一名年约50多岁的妇女,因吸入过量浓烟伤情较严重,需手术救治;另2人是母子,目前正在湛江一家医院接受治疗。伤者伤情基本稳定,暂无生命危险。中午,记者在茂名市人民医院见到了正在这里救治的伤者。其中两名伤者是住在6楼的父子,他们说,火灾发生后,他们迅速打开房门沿着楼梯往下冲,见楼下通道已被大火堵住,于是折回跑到楼顶去躲避。"当时浓烟滚滚,气味刺鼻,几乎让人窒息",火被扑灭后,他们被消防人员从楼顶背下来。他们的伤多为明火烧伤、墙体烫伤和吸入有毒气体导致,伤情严重程度不一。记者了解到，伤亡者多为打开房门后，在楼梯上遭遇不测。而那些紧闭房门的住户，用湿毛巾、衣被防范浓烟，则平安无事。而该栋楼二楼的一对老夫妻，在火灾发生后，用床单、毛毯扎成布条，绑在窗口栏杆上，顺着长布条爬下，成功逃到了安全地带避难。

  2013年3月30日晚，台州路桥区西路桥大道发生一起轿车起火事故，一名女性被烧死。

  2013年3月31日，江苏南通一公司办公室发生火灾死亡1人。3月30日23时57分左右，江苏省南通市崇川区通甲路与园林路交界处的往东的南通贝业工贸有限公司一办公室发生火灾。过火面积约45平方米，烧毁日常用品，造成1人死亡。火灾可能是死者在办公室睡觉吸烟引起。

  2013年4月1日上海市闵行一民宅发生火灾，一名60岁出头的男性不幸死亡。事发地点位于金汇路518弄，起火处是一幢7层住宅三楼的一个出租房内。昨晚21点35分左右，消防接报迅速赶赴现场，约10多分钟后扑灭火势，但屋内一名男子已不幸死亡。据了解，起火的区域集中在主卧，过火面积约30多平方米，不排除人为纵火的可能，所幸火灾事故未造成其他居民受伤。

  2013年4月3日中午12时50分左右，青岛即墨市小商品城一区283号街一经营小电器商铺发生火灾。公安消防立即到达现场进行灭火，于14：00左右将火扑灭。事故造成1人死亡。

  2013年4月3日下午2：20左右，十堰市张湾蔬菜市场突发大火，过火面积8000余平方米，造成2人死亡，1人受伤。当地消防支队出动8个消防中队，23辆消防车，200余名消防官兵赶赴火场救援。起火原因已初步查明，系一卤菜店店主使用喷枪烧猪毛引起。据现场目击者鲁师傅介绍，当天下午2时，他正好从家里出来在距离事发地约20米之外跟朋友聊天。不经意间，他猛然发现不远处的张湾蔬菜市场内飘出几缕白烟，心想可能是谁家在生火，并没有太在意。不料，大约过了1分钟后，突然从里面传出砰的一声巨响，"爆炸声很大。""从没有见过这样快的火势。"鲁师傅说，巨响后他紧接着看见蔬菜市场上方的顶棚之间开始蹿出火苗，从东到西不到30秒钟就剧烈燃烧起来，上空瞬间被黑烟雾笼罩。10分钟后，就听到消防车、救护车、警车等呼啸而至。不久,他还看见在蔬菜市场东边做卤菜生意的一名男子被民警带走。据称,失火有可能是由于该男子使用液化气操作不当引发。现场不少群众惊慌失措,不少经营户焦急地向火海里张望,往里面大声叫喊亲人的名字。200多名消防官兵正在用水龙紧张灭火。这个市场建在百二河河道上,于2006年正式投入运营,经营面积8200多平方米,可容纳1200多家经营户。该市场投入运营,结束了该片区蔬菜经营户露天经营的历史,彻底解决广东路"肠梗阻"的局面。记者看到,市场背面的百二河里,躺着一个太婆。据附近群众介绍,当时火势非常大,这位太婆来不及从大门口逃走,危急关头从后窗纵身跳下,落在百二河里。消防官兵用拉梯将其拉上岸,抬到救护车里,送往医院救治。十堰消防支队指挥中心先后调动4个现役消防队、4个专职消防队共8个消防中队、23辆消防车、200余名官兵到场参与火灾扑救。下午2时29分12秒,张湾中队3辆水罐消防车、30名消防队员到达事故现场,2时45分第一增援力量特勤中队、红卫中队9辆消防车、47名官兵到达现场,随后茅箭中队、花果中队、白浪中队先后到达现场。远在20公里外的武当山中队和郧县中队也赶来支援。随后,十堰市安监部门的两支矿山救护队也赶来增援,还有大量的公安民警,近300名救援人员投身救火。由于市场附近的部分消火栓出现损坏,消防官兵不得不到远处取水灭火。但火势太大,浓烟滚滚,救援队伍一时无法进入市场内。直到下午4:40左右,火灾现场明火已被扑灭,8200余平方米的市场被付之一炬。当地安监部门通报称火灾已造成2人死亡1人受伤。王女士是河南省内乡人,在市场内干货区卖干货。昨晚,她告诉记者,经政府部门确认,她的妹夫在这场大火中丧生。她的妹夫名叫李振龙,今年38岁,河南内乡人,在市场干货区开了家日用品超市。她说,大火刚起来时,他们都在市场内经营。听到有人喊起火了,快跑。于是,她就叫妹夫快走。可市场内还有很多人认为火不会这么快烧到自己身边的,还舍不得财物,不愿立即撤离。王女士称,其妹夫是市场网格员(该市场实行网格化管理,部分经营户承担相应片区的管理工作),火宅发生后就在市场内飞奔,大声提醒其他人快跑,不要拿东西。最后,眼看大火烧到眼前了,他又一次钻进浓烟里去催别人快走,可他自己就再也没有出来了。王女士告诉记者，大约下午4点多的时候，有人喊她去认领尸体，当时她不在现场，就没有见妹夫最后一面。到了晚上，她要求去认领妹夫的尸体，却被通知需要等等，警察安慰她要接受事实，节哀顺变。记者从医院了解到，那位跳到百二河的太婆右臂骨折，脸上烧伤，伤势较重。多名市民说，庆幸的是昨日不是休息日，下午两点多这个时间段也不是买菜高峰期，否则后果不堪设想。

2013年4月4日凌晨3时36分，普宁市里湖镇新池内村新隆园一民宅发生火灾，火灾造成户主父子及其亲戚共3人死亡。经初步调查，起火民宅为瓦木排屋结构建筑。据了解，火灾事故发生后，普宁市消防大队20多名官兵出动3台消防车、1台指挥车赶赴现场，同时调度里湖专职消防队，会同里湖镇派出所民警、镇机关干部职工、新池内村两委干部，组织灭火扑救。获悉情况后，该市有关领导以及市安监局主要负责同志第一时间赶赴现场指挥扑火工作，火灾于4时08分被彻底扑灭。经清理现场，火灾共造成3人死亡（死者为：户主周某色，男，51岁；户主之子周某杰，22岁；户主亲戚王某欢，男，17岁），无人受伤。经初步调查，火灾起火建筑为瓦木排屋结构，过火面积50平方米。

2013年4月4日玉溪市通海县九街街道办九龙村发生森林火灾，经3000余人扑救，已于5日19时全部扑灭。起火原因系当地村民上坟烧纸引起，嫌疑人已被拘留。

2013年4月4日2时30分许，德州市运河开发区黑马商贸市场一商铺发生火灾。经消防官兵奋力扑救，3时20分，火势得到有效控制，3时55分，火被扑灭。事故造成1人当场死亡，两人送往医院后死亡。据统计，此次火灾过火面积70平方米。

2013年4月9日凌晨3时45分，江西省赣州市石城县发生一起火灾，共造成7人死亡，其中包括4名儿童。据了解，火灾发生在石城县龙岗乡龙岗村一户村民家。目前，消防部门已从火灾现场清理出7具遗体。经确认，其中6人为一家人，包括夫妇2人和4名小孩。另有一人身份不明，有重大放火嫌疑。起火建筑为一处土坯房，共3间，建筑面积约200平方米，过火面积约100平方米。

2013年4月13日凌晨4时20分许，上海市田林路一居民楼内发生火灾。截至5时许，火势被扑灭。经现场搜查，火灾造成一人当场身亡，另有三人因伤势较重，送医后不治身亡。

2013年4月14日6时许，湖北省襄阳市樊城区前进东路一景城市花园酒店发生火灾，8时50分许，大火被扑灭。截至4月14日14时40分，火灾共造成61人伤亡，其中14人遇难。期中遇难年纪最小的是一名5岁女孩。

2013年4月14日，江苏苏州市吴中区郭巷一企业突发火灾，1名电焊操作工死亡。据了解，被烧死的男子姓祝，今年41岁，是信达重工企业的一名电焊操作工。据其工友说，事发时，祝某一个人在操作，由于和其他工友有一段距离，他身上被点燃冒出浓烟才被发现。但为时已晚，祝某被烧得面目全非。事发后，祝某被紧急送往医院救治，但最终还是死亡。祝某的工友透露，大火还烧毁了部分机器，但是没有引发大范围起火。火灾原因，初步确定是由于机器老化造成的。

2013年4月15日早上9时许，广州越秀区中山六路151号民房发生火灾，造成1名42岁中年女子死亡。记者到达事发现场时，火已被扑灭，只见该起火楼是4层的砖木结构，二楼和三楼的窗户已被烧黑，隐约能闻到一股烧焦的味道，窗户玻璃也都破裂了，民警在该骑楼的一楼入口处围起警戒线，并用布遮住了入口，工作人员陆续从骑楼里进出。与骑楼紧挨着的一家眼镜店大门半掩着，店内的不少存货都被水溅湿了，店员正忙着收拾货物。"大概九点的时候，我准备开档做生意，结果看到附近二楼冒出了浓烟，有人砸破窗户玻璃从楼上跳了下来。"在起火骑楼附近开茶叶店的老板回忆说，今天早上整条中山六路全被封闭了，街上不少店铺都做不了生意，直到下午两时左右才开门营业的。有街坊告诉记者，早上的大火差不多烧了两个小时，火灾可能是二楼的小孩玩打火机引起的，还好孩子最后被救出来了。广州市消防局称，广州消防指挥中心共调派了12台消防车、65名官兵赴现场救火，现场燃烧面积约180平方米，消防队员从骑楼内救出多名被困市民，火灾造成1名42岁中年女子死亡，火灾原因待进一步调查。中山六路位于广州老城区内，拥有近500米长的传统骑楼街。

2013年4月18日下午1点10分左右，北塘区五河新村一住宅楼六楼发生火灾，一名老人在火灾中丧生。起火点位于朝南的一个房间，据目击者透露，当时火焰冲出窗外近一米，房里的床铺已被烧毁，现场弥漫着焦糊味。据附近居民透露，起火时房中有一名老人，因身患多种疾病且腿脚不便，常年卧病在床，火灾可能是由于吸烟引起的。

2013年4月20日湖南步步高连锁超市益阳有限责任公司下属的赫山店于20日发生火灾，并造成3人死亡。

2013年4月23日江苏省苏州市吴江经济技术开发区运西柳胥村一处外来务工人员居住的简易棚发生火灾，3人死亡。事发时，作为父母的家长外出工作，3名被反锁在家的儿童不幸身亡。火灾于当晚22时50分许被全部扑灭。据居住在临时工棚里的居民回忆，当时火很大，比一旁的电线杆还高。另有一居民告诉记者，23日晚，小孩的父母和爷爷奶奶都在外面摆地摊做生意，由于小孩犯困就先将他们送回家，并将门锁上。起火时，孩子们正在熟睡中。据了解，由于房间里杂物太多，加上还被上了锁，造成失火后消防队员无法及时施救。

2013年4月24日夜，黑龙江省肇东市太平乡养老院发生火灾，事故造成两位老人遇难，一名老人重伤。

2013年4月27日晚上9点多钟，江苏省苏州市高新区（也称虎丘区）邓尉路滨河花园一临街店铺发生火灾，造成2人当场死亡，6人经送医院抢救无效先后死亡，2人受伤。起火的是滨河花园6幢103室临街店铺。起火建筑为主体6层商住两用楼，一、二层为商用，三层以上为独立的民居住宅，没有过火、过烟。起火门面店为苏州高新区达康卫生用品综合服务部，主要销售灭鼠药和灭鼠器具。晚上9点43分大火被扑灭，过火面积约80平方米。火灾事故发生后。苏州市、虎丘区两级政府已在第一时间成立事故调查组，公安部、江苏省公安厅派专家到现场指导并参与火灾原因调查，并将现场勘验提取的火灾物证送公安部消防局天津火灾物证中心鉴定。综合调查访问、现场勘验和物证鉴定等证据，认定此起火灾起火原因为停放于达康卫生用品综合服务部内立柱北侧的电动自行车电线短路引燃可燃物所致。死者死亡原因系火灾引起的一氧化碳中毒。

2013年4月28日黑龙江省哈尔滨一居民区发生火灾，2人死亡，另有一人坠楼。

2013年4月30日15时18分，崂山区沙子口办事处崂山路沿街商铺——良华商场——不慎失火。市公安消防及崂山区迅速组织扑救，先后出动15部消防车灭火，大火于17时被扑灭。这次失火过火面积约500平方米，造成1人死亡。

2013年5月11日晚，安徽宿松县孚玉镇一居民住宅发生火灾，火灾现场5人死亡。接报警后，宿松县公安局指挥中心立即指令消防大队和辖区孚玉派出所前往现场处置。消防大队和公安民警迅速赶到现场全力灭火，在周边群众协助下，至12日零时左右，大火扑灭。据了解，火灾地点系孚玉镇大河村民主组一居民住宅，居住人系吴某凤，女，32岁。经初步勘查，在火灾现场一房间里发现5具因浓烟窒息抱作一团的尸体，屋内财物损毁严重。经公安机关连夜查明，5具尸体分别为：居住人吴某凤；殷某某，男，6岁，系吴某凤之子；吴某敏，女，20岁，系九江某学院学生；吴某燕，女，15岁，复兴镇某初中学生，两人系吴某凤外甥女；徐某某，女，15岁，系吴某燕同学。

2013年5月22日凌晨2时32时，汉川市消防大队接到报警称：经济开发区一居民小区发生火灾。接警后，汉川市经济开发区川东公司消防队和市公安消防大队迅速出动，先后于2时54分和2时55分到达现场，并实施扑救，3时05分扑灭火灾。经查，事发地点位于汉川市经济开发区川东大道21号汉正新城3栋309商铺一副食店内，死者系一家三口，系湖北省仙桃市郭河镇新口渔场人。死者分别是诸葛明章（男，1952年1月4日出生）、诸葛志红（男，1973年2月15日出生，系诸葛明章之子）、邵林丽（女，1973年6月18日出生，系诸葛明章儿媳）。

2013年5月30日凌晨2时10分钟广东东莞长安镇乌沙社区一商铺发生火灾，过火面积约40平方米。事故造成4人死亡。

据长安镇消防人员介绍，当天凌晨2时10分，长安消防大队接到报警，乌沙社区步步高大道177号一商铺发生火灾，接报后，长安消防大队立即派出6台消防车和33名指战员前往救援。消防人员到达火灾现场后立即展开人员搜救和火灾扑救，经全力扑救，被困的2名小孩及2名大人先后被抢救出来，并被立即送往医院。但由于伤势严重，4人经医院抢救不治身亡。根据走访目击证人和调阅现场附近监控录像，起火原因初步怀疑为纵火。

2013年5月31日下午，黑龙江省中储粮林甸直属库发生火灾。火灾未造成人员伤亡，过火粮食4.7万吨。5月31日13时15分，中储粮库林甸直属库副主任罗洪权接到打更人员报告，在12号库南侧玉米堆上方发现冒烟。罗洪权立即带领本粮库60余人前往火灾发生处展开扑救，同时打电话报警。据气象部门提供的数据，当时温度34℃，风力可达7到8级，火情无法控制，顺势蔓延，造成连营火灾。火灾发生后，当地消防部门、干部群众等总计约1600人积极参与了灭火。经现场初步调查，厂区共有78个囤表面过火，其中，玉米囤60个，水稻囤18个，过火粮食总量4.7万吨，具体经济损失正在进一步核查之中。该粮库建于1961年，隶属于中储粮总公司黑龙江分公司，占地总面积22万平方米，事故发生时储粮总量14万吨。据介绍，粮库方面将尽快把过火粮食运送到大庆市附近的粮库，采取技术措施把损失降到最低，对过水粮食进行晾晒整理后重新入库，中储集团已落实倒运车辆100台，组织人力200人，力争用3天时间将过火粮食转运到大庆、齐齐哈尔和肇东三地的11家粮库，作为原料酒精和饲料。

2013年6月1日长春市同志街与西康路交汇处的一家服装商场发生火灾，1人死亡。记者从消防部门了解到，他们是在早上6时26分接到的火警，发现是位于某商厦地下的依林小镇服装商场的"精品屋"发生火情。据了解，此次火灾的过火面积约为70平方米左右，一名被困者被救出，明火也被控制。记者经多方核实，被困者是一名在商场夜间值班的工作人员，被从现场救出后送到医院，经抢救无效死亡。附近有商户反映说，夜班时一般商场大门紧锁，死者很可能是因吸入过量浓烟而导致窒息死亡。

2013年6月3日清晨，吉林宝源丰禽业公司发生火灾，到上午10时火势基本被控制住，但现场仍有大量浓烟冒出。从德惠市米沙子镇宝源丰禽业有限公司火灾现场救援指挥部获悉，截至6月6日，共造成120人遇难，77人受伤。

2013年6月19日，朔州市"小南国"饭店因燃气泄漏引发爆炸事故，造成3人死亡，150多人受伤。

2013年6月29日，太原市建设路206号福口饺子馆失火，过火面积20平方米，造成3人死亡。

2013年7月4日3时50分许，位于慈溪市周巷镇海莫社区一民房发生火灾。据悉，此次火灾造成3人死亡。火灾发生后，公安、消防等部门立即赶赴现场救援，4时20分火势得到控制，4时50分火被扑灭。经核实，起火建筑为两层别墅，钢筋混凝土结构，第一、二层均为居民住宅，建筑总面积约300平方米，燃烧物主要是家具跟装饰物。据知情网友称，屋主喜欢收藏古董，家里昂贵的红木家具几乎被烧光。据悉，当晚起火时共有5人在房内，分别是一对年龄均为55岁的夫妻、其女儿、儿媳以及一个4个月大的孙女。火灾发生时，儿媳从楼上窗户跳下逃出火海，女儿从厨房爬上楼顶顺围墙爬下逃生，其余3人不幸遇难。

2013年7月16日上午8时23分，上海市杨浦区鞍山三村一幢五层居民楼发生火灾。据上海消防微博称，消防人员8时30分赶到现场，随即展开救人、灭火工作，火灾于9时32分被扑灭，造成2人死亡。

2013年8月5日11时35分，乌鲁木齐市公交集团一辆公交车（燃气）行驶至光明路路段，突然起火，造成车上乘客1死6伤，受伤人员已及时送往医院救治。事故原因初步查明为车辆线路老化造成起火。

2013年8月5日9时许，湖南省靖州苗族侗族自治县寨牙乡江口村4组、5组所在团寨发生特大火灾。经消防官兵5小时的全力扑救，大火已经被扑灭。据初步统计，火灾共造成58户、248名村民房屋被烧毁，无人员伤亡。寨牙乡是当地苗族和侗族聚居区，房屋依山傍水修建，大多为纯木质结构，一旦失火，容易殃及四邻。灾情发生后，靖州苗族侗族自治县党委、政府迅速组织人员赶赴现场，与当地党委政府一道组织干部群众扑救火灾。同时，当地已成立救灾安置临时指挥部，启动抗灾救灾应急预案，财政紧急下拨救灾资金进行临时安置，按月发放住房、生活补贴，民政对灾民发放棉被、大米、食用油等生活物资，并及时启动灾后重建规划。

2013年8月8日凌晨1时10分许，浙江温州瑞安市锦湖街道瓦窑村1间3层民房发生火灾。此次火灾造成了7人死亡。事故发生后，经消防官兵全力扑救，火灾于凌晨1时50分许被扑灭。至凌晨5时，火灾造成房内一家五口5人死亡。上午，火灾现场后续清理过程中，又发现2名死者。发生火灾的楼房为3层楼房，该楼房是出租房，死者均为租居的房客。

2013年8月16日22时10分左右，青岛市市北区延安三路67号的青岛金狮100宾馆发生火灾，造成2人死亡，4人受伤。

2013年8月23日0时许，位于海口市秀英区长流镇儒显村外荒地上的一处废品收购点发生火灾。火灾发生近20分钟后，一过路人看到险情才立即拨打电话报警，接警后，海口消防立即组织官兵紧急赶往现场扑救。23日0时18分，海口消防支队指挥中心接到报警后立即调派特勤一中队、秀英中队7辆消防车共35名指战员赶赴现场，支队全勤指挥部遂行出动。到场后，消防官兵坚持贯彻"救人第一""先控制、后消灭"的作战原则，全力搜救被困人员。中队官兵在疏散出5人后，继续对火灾现场进行搜救，先搜救出2名被困者，经确认死亡，随后又搜救出1名被困者，经120救治无效死亡。0时58分，火势基本得到控制；1时15分，火灾被全部扑灭。经火场初步调查，着火的废品回收点现场占地面积656平方米，内有废旧塑料制品堆垛和一简易铁皮房，过火面积约246平方米。

2013年8月25日重庆市南岸区响水路铁路小区发生火灾，4人死亡。区消防中队接到报警后，立即赶往现场进行灭火扑救，南岸区相关领导第一时间赶到现场处置。据悉，此次过火面积约30平方米。

2013年9月3日2时50分左右，浙江省宁波市北仑区新矸街道贝碶村一居民房发生火灾。经多方救援力量紧急处置，3时50分前后，火被扑灭。火灾导致住在民房里的3人死亡。死者为来自四川渠县和重庆巴南的外来人员。据了解，此次起火建筑一层为砖木结构，使用性质均为居民住宅。

2013年9月7日凌晨，河南周口郸城县凌晨发生一起火灾，4人死亡。其中一名死者为销售轮胎的老板，姓王，今年40多岁。其他三名死者是王某的母亲（70岁）、妻子（40多岁）和10多岁的一个儿子。

2013年11月1日上午广东省虎门镇博涌社区一栋建筑的一楼小商铺发生火灾，造成两人死亡。接到报警后，虎门中队立即调派24名官兵，5辆消防车赶赴现场，于6点50分扑救完毕。据了解，起火建筑是一栋8层住宅，占地面积约60平方米，总建筑面积约640平方米。起火部位为该建筑一楼小商铺，过火面积约10平方米。

2013年11月2日凌晨1时许，广东省广州白云区太和镇南岭村桥头北街4号一栋六层民宅发生火灾，共造成5人死亡，其中两人为新西兰籍。据街坊介绍，该楼的屋主姓周，家境富裕，其大儿子与大儿媳及4岁大的孙子此前入了新西兰籍。该楼的二至三楼被拿来出租，当晚楼内共有16个人。据了解，该楼的一楼用于堆放杂物，着火点在一楼杂物间，主要燃烧物为摩托车、沙发和木材杂物等。"屋主的大儿子一家不在村内居住，这次回来是探亲，没想到撞上了这样的惨剧。"街坊黄伯说。据街坊老王回忆，看到楼房冒出黑烟，当时有三四名街坊想合力把铝合金门踹开，可惜未果。几分钟后，火势迅速蔓延。"当时还听到楼上有小孩的呼救声。"老王说，但无法判断是从几楼传来。"当时谁都没办法去救人，火实在太大了。"街坊们急得团团转，有人拨打了110。疑因电动车充电起火。不久，先后有11辆消防车赶到。但因小道两边堆满了货物和车辆，消防车根本进不来，消防员只好拉了200米的水带救火。一路消防员把楼南侧的储藏室门破开后用水枪喷水，另一路消防员则从紧邻的一栋楼爬上起火楼的楼顶，从上往下营救。40多分钟后，明火被扑灭。有村民怀疑，起火原因是在杂物间的电动车充电过程中电瓶发生爆炸，但也有村民怀疑是给电动车充电的电线老化短路引起。记者走访该村发现，不少民宅被改造成厂房、仓库，却缺少消防通道与消防设施。在现场张贴着不少太和镇政府的通告。通告称："此次事故教训沉痛，究其原因是消防意识淡薄，消防通道阻塞，无法及时逃生。"通告要求各村立即开展消防安全大检查。督促打通疏散逃生通道，拆除易燃有毒分隔材料和违章建筑，规范用火用电用气行为。通告还特别要求，出租屋内电动自行车不得在没人看管时进行充电。

  2013年12月11日凌晨1时30分，位于深圳市光明新区的一处农批市场发生火灾，造成16人死亡，5人受伤，遇难者年龄最小的只有两岁。事故原因正在调查中。前，被称为"高佬"的市场负责人许某已经被控制。对于失火原因，有商户怀疑是电路问题，也有商户称是打包机起火。过火面积约1000平方米。大火于凌晨3时被扑灭。遇难人员为市场内商户及其家属，包括一个1家6口，一个1家4口，和一个1家3口中的母子。附近一家幼儿园老师赶至现场时称，当天好几个住在市场附近的孩子没来上学，不知是否平安。昨日，记者联系深圳公明人民医院确认，5名伤员正在救治，目前情况稳定。深圳市消防支队参谋长张晓伟在发布会上说，事故中死亡的16人分别是5家商铺的人员，这些商铺是集生产经营、仓储和住宿一体的"三合一"场所。死亡人员身份还在进一步核查中。记者从广东省消防总队获悉，广东省成立的事故调查组已对火灾原因展开调查。商户称消防栓不出水。据悉，接警后，深圳消防立即出动17辆消防车前往扑救，于1时40分到达现场，1时57分在火场搜救出第一名被困者。期间，深圳消防支队共投入8个中队、29台消防车、145名消防员参与现场灭火救援。目击者称，起火点位于荣健农批市场水果售卖区，一开始着火的只有两三家店铺。但现场消防设施匮乏，火势无法得到控制，消防车赶到现场时，已有近20家店铺着火。有商户称，由于消防通道被其他车辆占用，消防车无法近距离救援。此外，市场内消防栓没水，消防车需从远处补水。据了解，荣健农批农贸市场是于2007年8月由21栋厂房改建而成，总占地面积15万平方米，建筑面积9万平方米，分A、B、C、D、H区及宿舍区，其中着火的南北水果批发市场占地45000平方米，市场经营涵盖水果、肉食、禽蛋、粮油、水产品、干货、茶叶、农副产品等20大类，5000多个品种，有来自全国30多个省、市、自治区的经销商在此经营。光明新区辖内有公明和光明两个街道，人口约80万。光明街道是深圳市归侨侨眷最为集中的地区，有7000多人。记者了解到，"三合一（经营、仓储、住宿）"商铺的消防隐患问题，当地媒体此前已多有报道。在昨日的新闻发布会上，当地媒体记者即问道:"为什么多次指出这一隐患,事故还是会发生?"对此,光明新区相关负责人表示,去年,公明辖区内就强拆了30万平方米的"三合一"场所,并采取了相应的措施。"之所以出现这种问题,主要是前面清理,后面又搭建。"

2013年12月11日1时14分,山东省济南市历城区某小区6号楼2单元17层发生火灾。接警后,济南市公安局刘新云局长、梁恺军副局长等领导立即赶到现场,迅速调集消防官兵和民警开展现场灭火、解救被困群众及现场火灾原因调查工作。火灾事故导致4名群众遇难。

2013年12月16日20时29分上海黄浦区一居民楼发生火灾,1人死亡。消防部门迅速到场灭火救人,先后从楼内疏散出20余人,并搜救出3人,其中1人送医后抢救无效死亡。21时大火被扑灭。现场为回字形砖混结构5层居民楼,1层停车棚起火,2至5层充烟。

2013年12月21日,在南充市顺庆区辖区交警直属一大队发生一起无证醉驾嫌疑人在醒酒室引发火灾的死亡事故。据顺庆公安微博介绍,经初步调查,当日1时许,交警直属一大队接到群众报警后,依法传唤交通肇事逃逸人员黄某,经对其进行呼气式酒精测试,其酒精含量为183毫克/100毫升,属醉酒状态,随即依法将其带到川北医学院附属医院提取血样进行乙醇浓度检测。经信息查询,黄某系无证驾驶。3时22分,民警将黄某带回大队送入醒酒室醒酒。黄某在醒酒室内用随身携带的打火机点燃醒酒室墙体的软包装材料,引发火灾。3时36分,值班民警发现后立即施救,并拨打120和119。医务人员赶到现场时,确认黄某已经死亡。据了解,此事件当班交警已关禁闭,交警大队值班领导已停职。

2013年12月26日晚10时50分,泸州江阳区摩尔商场发生爆炸,商场一、二楼均有垮塌,致商场外公交车车站垮塌,压毁多辆出租车。消防车、救护车在现场进行施救。大火造成4人死亡,35人受伤。事故原因疑为天然气泄露。

附录

心理危机评估与干预记录表——核心表

本研究中具体使用的量表汇总

心理干预评估说明（一）

心理危机状态评分指南

程度	无损害 1	轻微损害 2 3	轻度损害 4 5	中等损害 6 7	显著损害 8 9	严重损害 10
情感	情感状态稳定，对日常活动表达适当	对环境的情感反应适切，对环境的变化只有短暂性的负面情感流露，不强烈，求助者完全能够控制情绪	对环境的情感反应适切，但对环境变化有较长时间的负面情感流露，求助者能够意识到需要努力控制情绪	情感反应与环境脱节，有表现出负性情感，对环境变化有较强烈波动感，情感状态虽稳定，但需要努力才能控制情绪	负性情感体验超出环境的影响，情感与环境不协调，波动明显。求助者意识到负性情绪，但不能控制	完全失控或极度悲伤
认知	注意力集中，解决问题和做决定能力正常。求助者对危机事件的认识和感知与实际情况相符	思维集中在危机事件上，但思想能受意志控制。解决问题和做决定能力轻微受损，对危机事件的认识和感知基本与现实相符	注意力偶尔不集中，感知较难控制对危机事件的思考。解决问题和做决定的能力降低。对危机事件的认识和感知与现实情况在某些方面有偏差	常能集中，较多考虑危机事件而不以自拔。解决问题和做决定因为强迫性思维、自我怀疑而影响。求助者对危机事件的认识和感知与现实有明显的不同	沉湎于对危机事件的思虑，因为强迫性思维、自我怀疑和犹豫而明显影响解决问题和做决定的能力，对危机事件的感知与实际性的差异	除了危机事件外，不能集中精力。因为受强迫、自我怀疑和犹豫的影响丧失了解决问题和做决定的能力。对危机事件的认知与现实有明显而异常的影响了其生活

184

续表

程度	无损害 1	轻微损害 2 3	轻度损害 4 5	中等损害 6 7	显著损害 8 9	严重损害 10
行为	对危机事件应对行为恰当,能保持必要的日常功能	偶尔有不恰当的应对行为,能保持必要的日常功能,但需努力	偶尔出现不恰当的应对行为,有时有日常功能的减退,表现为效率降低	有不恰当的应对行为且做事没有效率。需花很大精力才能维持日常功能	求助者的应对行为明显超出危机事件的反应,日常功能表现明显受到影响	行为异常难以预料,并且对自己或他人有伤害的危险

干预指导　3-12分采用"非指导性干预";13-22分采用"合作型干预";22分以上采用"指导性干预"。

* Rick A. Myer, Assessment for Crisis Intervention, COPYRIGHT ⓒ2001 Wadsworth

患者心理应激水平评估说明（二）

心理应激水平分级指南

评估结果： (心理应激状态标志)	心理应激等级标准	主要应对措施
一 应激水平：一级 绿色预警标志 心理应激水平较低 （心理健康状态）	心理应激水平与一般群体相同 ◎无明显哀伤反应 ◎无感知，思维、行为等方面敏感性增高或受到抑制现象 ◎日常活动及生理各项功能正常	◎无须特定的心理干预措施 ◎通常可在近3~6个月的恢复期内每月评估一次。6个月后可以解除心理预警
二 应激水平：二级 黄色预警标志 心理应激水平中等 （心理亚健康状态）	心理应激水平高于一般群体，被试者的心理活动处于较紧张的水平，短期恢复一般不会造成明显社会功能影响 ◎轻度哀伤反应； ◎情绪容易波动； ◎无明显感知，思维、行为等方面敏感性增高或受到抑制现象 ◎日常活动及生理功能基本正常	◎应激水平的被试者通常需要每两周评估一次；若应激水平降低可按一级预警处理，若水平增高可按三级水平处理 ◎心理干预主要采用非指导性干预和合作性干预，主要技术手段以疏导、安慰、关注、支持、共情等为主，帮助建立健康的生活方式和积极的认知态度

续表

评估结果： （心理应激状态标志）	心理应激等级标准	主要应对措施
三 应激水平：三级 橙色预警标志 心理应激水平较高 （轻度心理异常）	心理应激水平显著升高，心理活动处于较不稳定或难以自控的状态 ◎中度哀伤反应； ◎情绪较易波动； ◎感知，思维、行为等方面敏感性增高或受到抑制现象 ◎部分日常活动及生理功能受到影响	◎处于该应激水平的被试者通常需要每周评估一次；若应激水平降低可按二级预警处理，若水平增高则按四级水平处理 ◎心理干预主要采用指导性干预和合作性干预，主要手段是在疏导、安慰、关注、支持、共情的基础上，常需要采用认知、行为等专门心理治疗技术介入 ◎可辅助用抗焦虑药等
四 应激水平：四级 红色预警标志 心理应激水平极高 （有明显心理异常）	心理应激水平极高，心理活动处于易失控状态，社会功能显著受损。一般符合CCMD-3中相关障碍的诊断标准 ◎显著的哀伤反应； ◎有应激障碍症状 ◎感知，思维、行为等方面敏感性显著增高或受到抑制 ◎社会功能影响 ◎生理症状明显	◎处于该应激水平的被试者通常需要每1~3天评估一次；若应激水平降低后可按三级预警处理，若持续增设可能需要精神科监护 ◎此阶段需要来神科临床处理（需要精神药物治疗），待精神症状基本控制后采用指导性干预和合作性干预，干预策略同三级预警

心理危机评估与干预记录表（三）

姓名： 性别： 年龄： 教育年限：
照料者：无/有 与患者关系： 有否家人遇难：无/有 其他：
诊断结果：

日期		危机评估	应激水平	心理干预要点	主要精神药物
	情绪	1,2,3,4,5,6,7,8,9,10	☆一级		
	认知	1,2,3,4,5,6,7,8,9,10	☆二级		
	行为	1,2,3,4,5,6,7,8,9,10	☆三级		
	总分		☆四级	签名：	签名：
	情绪	1,2,3,4,5,6,7,8,9,10	☆一级		
	认知	1,2,3,4,5,6,7,8,9,10	☆二级		
	行为	1,2,3,4,5,6,7,8,9,10	☆三级		
	总分		☆四级	签名：	签名：
	情绪	1,2,3,4,5,6,7,8,9,10	☆一级		
	认知	1,2,3,4,5,6,7,8,9,10	☆二级		
	行为	1,2,3,4,5,6,7,8,9,10	☆三级		
	总分		☆四级	签名：	签名：
	情绪	1,2,3,4,5,6,7,8,9,10	☆一级		
	认知	1,2,3,4,5,6,7,8,9,10	☆二级		
	行为	1,2,3,4,5,6,7,8,9,10	☆三级		
	总分		☆四级	签名：	签名：
	情绪	1,2,3,4,5,6,7,8,9,10	☆一级		
	认知	1,2,3,4,5,6,7,8,9,10	☆二级		
	行为	1,2,3,4,5,6,7,8,9,10	☆三级		
	总分		☆四级	签名：	签名：
	情绪	1,2,3,4,5,6,7,8,9,10	☆一级		
	认知	1,2,3,4,5,6,7,8,9,10	☆二级		
	行为	1,2,3,4,5,6,7,8,9,10	☆三级		
	总分		☆四级	签名：	签名：
	情绪	1,2,3,4,5,6,7,8,9,10	☆一级		
	认知	1,2,3,4,5,6,7,8,9,10	☆二级		
	行为	1,2,3,4,5,6,7,8,9,10	☆三级		
	总分		☆四级	签名：	签名：
	情绪	1,2,3,4,5,6,7,8,9,10	☆一级		
	认知	1,2,3,4,5,6,7,8,9,10	☆二级		
	行为	1,2,3,4,5,6,7,8,9,10	☆三级		
	总分		☆四级	签名：	签名：

填写人：

三维评估体系

三维评估表：危机干预
R. A. Myer, R. C. Williams, A. J. Ottens & A. E. Schmidt 编制

危机事件
指出并简要描述危机情景：_____
_____

情感领域
指出并简要描述你现在体验到的情感（如果你体验到不止一种情感，依其主次标出#1、#2、#3）

愤怒/敌意：_____

焦虑/恐惧：_____

悲伤/忧郁：_____

情感严重性量表
圈出与当事人对危机的反应最接近的量表值

1	2	3	4	5	6	7	8	9	10
无受损	轻微受损		低度受损		中度受损		高度受损		严重受损
情绪稳定，在正常范围内波动。情感体验与日常活动内容相匹配	情感与环境相匹配。有短暂的、相对于环境稍有夸张的消极情感体验。情绪基本在当事人控制范围内		情感与环境相匹配。但相对于环境稍有夸张的消极情感体验，其延续时间不断加长。当事人觉得情绪基本上还在自己的控制范围内		情感与环境不相匹配。长时间体验到强烈的消极情绪。情绪体验明显夸大，可能出现情绪不稳定的现象。情绪需努力才能加以控制		情绪体验明显夸大。情感体验明显与环境不匹配。情绪波动不定且幅度大。消极情绪的爆发不是当事人的意志努力能控制的		情感解体或混乱

（续下页）

行为领域

指出并简要描述你现在采用的行为方式（如果你采用不止一种行为方式，依其主次标出#1、#2、#3）

趋近：_____

_____

_____

逃避：_____

_____

_____

无能动性：_____

_____

_____

行为严重性量表

1	2	3	4	5	6	7	8	9	10
无受损	轻微受损		低度受损		中度受损		高度受损		严重受损
应对行为与危机事件相匹配。当事人能正常执行日常生活任务	偶尔表现出无效的应对行为。当事人能完成日常生活任务，但明显需要作出努力		偶尔表现出无效的应对行为。当事人忽视一些日常生活任务，对其他生活任务的完成效率下降		当事人应对行为无效，甚至是适应不良的。完成日常生活任务的能力明显下降		当事人应对行为反倒使危机情境趋于恶化。完成日常生活任务的能力几乎完全丧失		行为怪异，变幻莫测。当事人的行为对自己和（或）他人有害

（续下页）

认知领域
指出在下列领域内是否有侵犯、威胁或丧失出现，并简要描述（如果有不止一种认知反应出现，依其主次标出#1、#2、#3）
生理方面（食物、水、安全、住所等）
侵犯_____ 威胁_____ 丧失_____
_____
_____

心理方面（自我概念、情绪体验、自我认同等）
侵犯_____ 威胁_____ 丧失_____
_____
_____

社会关系方面（家庭、同事、朋友等）
侵犯_____ 威胁_____ 丧失_____
_____
_____

道德/精神方面（人格的完整性、价值观、信仰等）
犯_____ 威胁_____ 丧失_____
_____
_____

认知严重性量表

1	2	3	4	5	6	7	8	9	10
无受损	轻微受损		低度受损		中度受损		高度受损		严重受损
注意力完好。当事人表现出正常的决策能力。当事人对危机事件的感知与解释与实际情况相符	当事人思维内容集中于危机事件，但思维过程尚在意志控制范围内。问题解决及决策能力受到轻微影响。当事人对危机事件的感知和解释基本上与实际情况相符		注意力偶尔不能集中。关于危机事件的思维的自控力下降。在问题解决及决策方面经常感到困难。当事人对危机事件的解释在某些方面与实际情况不相符合		注意力经常不能集中。关于危机事件的思维而有强迫性，难以自控。问题解决能力及决策能力因强迫性思维、自我怀疑、疑虑不定等而严重受损。对危机事件的感知和解释与实际情况明显不符		陷于对危机事件的强迫性思维而难以自拔。问题解决能力及决策能力因强迫性思维、自我怀疑、疑虑不定等而受严重损。对危机事件的感知和解释几乎与实际情况不相干		除危机事件外，基本上完全丧失注意力。因受强迫性思维、自我怀疑、疑虑不定等的影响，问题解决能力几乎完全丧失。对危机事件的感知和解释乃至于当事人产生悲剧可能会对人的影响

情感分量表：_____ 认知分量表：_____ 行为分量表：_____
分值累计：_____

参考文献

[1] Richard K. James;Burl E. Gilliland. 危机干预策略 [M]. 高申春，等，译. 北京：高等教育出版社，2009.

[2] B. E. Gilliland,R. K. James. 危机干预策略 [M]. 肖水源，等，译. 北京：中国轻工业出版社，2000.

[3] 中国就业培训技术指导中心组织编写. 心理危机干预指导手册 [M]. 北京：中国劳动社会保障出版社，2008.

[4] 沃建中. 灾后心理危机研究 [M]. 北京：北京航空航天大学出版社，2008.

[5] Jerrold R. Brandell. 儿童故事治疗 [M]. 林瑞堂，译. 成都：四川大学出版社，2005.

[6] 徐光兴. 创伤危机干预心理案例集 [M]. 上海：上海教育出版社. 2010.

[7] 时勘. 灾难心理学 [M]. 北京：科学出版社，2010.

[8] 樊富珉. 团体心理咨询 [M]. 北京：高等教育出版社，2005.

[9] 黄喜珊，王瑞明. 灾后中小学生心理援助与活动课程设计 [M]. 广州：暨南大学出版社，2009.

[10] 许思安. 心理危机干预团体心理训练的主题与方法 [M]. 广州：暨南大学出版社，2009.

[11] 许思安. 青少年儿童心理危机干预的理论与实践 [M]. 广州：暨南大学出版社，2009.

[12] 江苏省心理卫生协会，江苏省心理健康服务志愿者总队，南京脑科医院. 地震灾后心理防护与干预手册 [M]. 南京：东南大学出版社，2009.

[13] 李建明，苑杰. 矿难后心理危机干预 [M]. 北京：人民卫生出

版社，2011．

[14] 郑希付，张皓．地震灾后心理康复完全手册［M］．广州：暨南大学出版社，2011．

[15] 卢建平．汉川地展灾后的儿意心理危机于预问题及建议［J］．中国神经精神疾病杂志，2008，34（9）．

[16] 陈伟伟．突发灾难中救援人员的心理危机干预策略［J］．浙江教育学院学报，2008，3（13）．

[17] 李序科．灾难性事件救助人员替代性创伤及其社会工作救助［J］．中国公共安全（学术版），2008，3（75）．

[18] 吴义娟，靳红雨．灾难性危机事件中的心理干预［J］．中国公共安全（政府版），2006，131（4）．

[19] 兰丽娟．灾害和事故救援官兵心理应激于预［J］．人民军医，2006.6（52）．

[20] 赵冲，李健．突发事件后军人心理危机的表现与干预［J］．中华临床医学研究杂志，2005，11（18）．

[21] 刘明晓，赵旭．浅析抢险救灾行动中官兵常见心理问题的教育疏导方法［J］．广角视野，2008（146）．

[22] 肖长路，陈利．论心理创伤干预的内容和训练模式以及实施方法［J］．教育科学，2006，22（5）．

[23] 张丽直，艾旭，陈春杰，等．团队心理训练对新兵心理健康水平的影响［J］．人民军医，2005，48（5）．

[24] 扶长青，张大均，刘衍玲．儿童心理危机的干预策略［J］．心理科学进展，2009，17（3）．

[25] 崔杨．心理危机干预方法和心理危机干预模式［J］．卫生职业教育．2009，27（2）．

[26] 戴晓阳．常用心理评估量表手册［M］．北京：人民军医出版社，2011．

[27] 张勇辉．创伤后应激障碍［J］．国外医学（精神病学分册），2001，26（3）．

[28] 芭芭拉·鲁宾韦恩瑞伯，艾琳·布罗契．危机干预与创伤反应理论与实务［M］．黄惠美，李巧双，译．北京：世界图书出版

社．2003．

[29] 科尔斯基．危机干预与创伤治疗方案［M］．梁军，等，译．北京：中国轻工业出版社，2004．

[30] J. William Wonder. 悲伤辅导与悲伤治疗［M］．李开敏，林方皓，张玉仕，葛书伦，译．台北：心理出版社．1995．

[31] T. J. Wray, Ann Back Price. Grief Dreams: How They Help Us Heal After the Death of a Loved One［M］. Jossey - Bass A Wiley Imprint, 2005.

[32] 于欣．灾后心理卫生服务技术指导要点［M］．北京：北京大学医学出版社，2008．

[33] 北京师范大学心理学院．灾后心理援助与心理重建［M］．北京：中国轻工业出版社．2008．

[34] 潘一平，周岚，倪天晓．我国的火灾形势统计分析［J］．消防技术与产品信息，201（2）．